U0645051

WELCOME。

蓝瓶物语：不止一杯好咖啡

《第一财经周刊》未来预想图 / 赵慧 主编

东方出版社

TEAM · EDITORIAL & DESIGN

撰稿人 Correspondents
孙梦乔 Sun Mengqiao
罗啸天 Luo Xiaotian
李思嫣 Li Siyan
戴恬 Dai Tian
周思蓓 Zhou Sibei
季扬 Ji Yang
管家艺 Guan Jiayi
唐雅怡 Tang Yayi
魏佰蕾 Wei Bailei
夏颖翀 Xia Yingchong

—

摄影 Photographers
王猶和 Fabian Ong
◉ 新加坡·日本
林秉凡 Lin Bingfan
◉ 日本
岳洁 Kathy Yue
◉ 美国
Teresa Tam
◉ 美国

主编 Editor in chief
赵慧 Zhao Hui

—

编辑 Editor
肖文杰 Xiao Wenjie

—

主笔 Senior Writer
李蓉慧 Li Ronghui

—

视觉总监 Creative Director
戴喆骏 Dai Zhejun

—

设计总监 Design Director
徐春萌 Xu Chunmeng

—

新媒体设计总监
New Media Design Director
王方宏 Wang Fanghong

—

资深美术编辑 Senior Designer
景毅 Jing Yi

—

图片编辑 Photo Editor
殷莺 Yin Ying

—

插画 Illustrator
于瑒 Yu Yang

—

制图 Mapping
金迪 Jin Di

—

图片后期制作 Photo Art
金迪 Jin Di

—

流程编辑 Process Editor
俞培娟 Yu Peijuan

图集 P7-P15/P26-P37/P96-P105
P166-P167
图片摄影师均为王猶和。
All photographs are by Fabian Ong
on P7-P15 / P26-P37 / P96-P105
P166-P167

—

未标注版权图片来自
华盖创意与视觉中国。

—

本书为《第一财经周刊》
"未来预想图"项目 Branding Book 系列·第一册
Branding Book Series of Dream Labo Project
CBNweekly · No.1

加入撰稿人团队，
请联系：
dreams@cbnweek.com

你的"人设"里，
有没有缺一个"独立思考"的标签？

● 主编 赵慧

这是《第一财经周刊》lifestyle 项目"未来预想图"Branding Book 系列的第一册。在这个系列中，我们每次会从设计、营销、历史、建筑等多个角度详细剖析一个品牌。

做这套书的原因很简单：无论是否承认，中国的年轻人有很大一部分，其品牌启蒙来源于商品文案。人们的行为总是跟着需求来的，当你想要把什么放入购物车的时候，它的文案要好读得多。但如果这些东西出现在社交网络、杂志上，如果没有一个说服你的好理由，你可能甚至懒得瞄它一眼。

在社交环境里，"拥有"似乎比"了解"更酷。可缺乏品牌与商业逻辑，直接限制了一个人对各类事件的解读能力——我们毕竟处于一个商业社会。当人不愿意思考、只从社交网络寻求总结好的"干货"与"观点"时，也就渐渐失去了独立思考的能力，变得爱站队、容易愤怒。所以太多次，当我们遇到一个网红店或网红品牌，除了感慨它的火爆或者倒掉，除了传播情绪，似乎就没什么可说的了。

可我们仍然相信，你应该有自己的观点与分析思路。我们常常举的例子就是"职人"——听到这个词，你会有什么关联想法？是觉得他们好厉害、好不容易，还是立刻陷入感动里，觉得一辈子就做一件事简直"酷毙了"？

这些想法也没什么错。但我们更应该看看，这个结论有没有经过你的思考。几个典型的批判性问题可以包括：职人们为什么一辈子做一件事？他是喜欢这个职业、还是因为无人继承不得不做？他如果过得很辛苦，是什么原因？他有想过什么创新吗？这些想法为什么可行、为什么不可行？为什么好的东西没法传承下来？

答案常常就在这些问题背后。可是太少人问这些问题了——这也是媒体们的失职。即便在日本，我们也经常看到媒体访问店铺时你侬我侬、一团和气。但如果多问一句，我们就能得到更多有价值的回复。比如我们会渐渐弄明白：哦，原来有些职人因为生意不好，子女们不愿意继承家业。可也有年轻的职人们不甘于困境，开始针对市场新需求、在已有技术基础上开发出适应新的生活方式的产品。也有对创新持怀疑态度的人，因为手工业上下游是一条牵涉多人的产业链，贸然创新，可能在短期内让更多职人丢了饭碗。

这都不是容易的选择，这些矛盾与现状，才导致了职人们眼下的生存状态。相信一旦了解到这些，人们会一方面保有对技术的敬佩，一方面更愿意去探讨解决问题的更多可能方案。也许有争议、也许会幼稚，但已比单纯喊一声"好厉害"要好太多。

我们就在做这样的事。

从 Blue Bottle Coffee 这个咖啡店品牌开始，我们会说清楚它所处的咖啡行业的基础知识，它能帮你的"咖啡之旅"打一个基础。然后，你会看到它的 logo 设计、网页设计、产品设计、菜单设计，甚至服务，我们会分析它们都有什么特色。假设你有个小小的咖啡馆梦想，它也能给你一个不错的参考；或者，如果你在研究咖啡店品牌，它会是个非常有价值的代表品牌。

不仅如此。如果放眼咖啡发展史，Blue Bottle Coffee 处于什么样的位置？为什么它成了第三次咖啡浪潮的代表品牌？它的竞争对手之一——星巴克过气了吗？那些沉浸在旧时光里的 Old Fashion 日本咖啡馆，还有风头正劲的新浪潮咖啡馆们，又在怎样吸引人们的注意？为什么硅谷投资人看上了一间从充满尿骚味小巷起家的咖啡馆？它又是凭什么成为 Instagram 上的"网红"？

最后，几个大新闻也会给你带来新的提问：对哦，明明是第一次咖啡浪潮的代表，为什么雀巢要收购 Blue Bottle Coffee？明明是第二次咖啡浪潮的代表，为什么星巴克要开精品咖啡体验店了？

最终你会发现，虽然只是一个单品，但它却在影响我们的生活方式。假设你花费 3 个小时的时间来阅读这本书，3 小时前，你与 Blue Bottle Coffee 的交汇点可能仅仅是 Instagram 上的一组 #hashtag 与图片，如果 3 小时后，你开始有了更多新想法，那就是这本书的价值。

丸山健太郎（Maruyama Kentaro）

这位"卓越杯"（Cup of Excellence, CoE）精品咖啡豆竞赛的国际审查员，在咖啡界充当了各类评审角色。只要你去日本书店逛一圈，由他写作或监修的各种"咖啡圣经"总会出现在咖啡区书架上。他于 1991 年在日本长野县创立的"丸山咖啡"，被人们称为日本冠军的摇篮。他打破了日本咖啡店通过商社和批发商进口咖啡豆的传统商业习惯，从 2001 年开始，他就自己承担了"生豆买手"的角色。现在，每年他花在去各个咖啡产区上的时间都超过半年。

哈米什·坎贝尔（Hamish Campbell）

他是设计公司 Pearlfisher 纽约工作室的创意总监。Pearlfisher 之前曾为星巴克烘焙系列的咖啡豆、农夫山泉的"东方树叶"、吉百利巧克力设计包装。看到 Blue Bottle Coffee 在 2014 年推出的即饮新奥尔良冰咖啡（New Orleans Iced Coffee），几乎所有人都会觉得它放错了位置——四四方方的白盒子，简单的饮品说明，还有那个明亮的蓝瓶子标志——那不是一盒牛奶吗？

长坂常（Nagasaka Jo）

Blue Bottle Coffee 在日本的 7 间店铺都由他设计。1998年，长坂常设立了建筑设计事务所 Schemata Architects。"Schema"的原意是在设计初期的图解阶段，而这个名字，也恰好呼应了 Schemata 作为一个同时涉及建筑设计、室内设计、工业设计多个领域的事务所的标志性风格——抛弃花哨的装饰回到原初。

托尼·康拉德（Tony Conrad）

他是 Blue Bottle Coffee 的投资人，曾创办博客内容搜索引擎 Sphere、个人信息网站 about.me，参与投资的项目包括 Automattic（Wordpress 的母公司）、Blue Bottle Coffee、MakerBot、Fitbit。和他曾经投资过的技术公司相比，Blue Bottle Coffee 虽然属于线下生意，但本质上都是为消费者服务。他至今依然对当年投资这只蓝瓶子的故事津津乐道，并且认为这项投资再次印证了他的投资之道。他认为硅谷这二十年来汇集了越来越多的聪明的创业者，并把这个现象叫作"founders' movement"。他重视人的想法，遇到创业者时，他的"关键一问"就是——你为什么要去做这件事情？

丹尼埃尔·J. 哈里斯（Danielle J.Harris）

Blue Bottle Coffee 一开始的 logo 还带有一种典型的 20 世纪 90 年代美国流行文化风格设计。设计师 Danielle J.Harris 重新为 Blue Bottle Coffee 设计了 logo，她将文字从瓶身中分离出来，并将文字换为更加耐看的 Halis Grotesque 字体——一种介于经典的、有线条感的 Futura 和具有现代感的 Circular 之间的字体。同时，Harris 提升了蓝瓶子的明度，这样一来，新 Logo 就显得年轻活泼多了。

POINTS
精彩看点

TAG CATALOG

给自己一杯好咖啡吧

咖啡大概是享用方式最多的饮品。不同形式的咖啡
满足了不同需求，也让"喝咖啡"的情境变得丰富。
除了咖啡馆，你还能怎样喝咖啡？

◑ 速溶咖啡

很长时间以来，这是最简单的喝咖啡的方式。也难怪，
它兴起于战争。"二战"时期，美军每人每年要消费 14
公斤的速溶咖啡粉。雀巢在 20 世纪 30 年代制造出速
溶咖啡，并维持速溶咖啡第一品牌地位至今。不过这
种喝咖啡的方式本身越来越不受欢迎，毕竟人们已经
有了不少兼顾方便和品质的办法。

◑ 咖啡馆

当然，咖啡馆总是要去的。1554 年，在奥斯曼帝国的首
都伊斯坦布尔，诞生了世界上第一家咖啡店。1652 年，
伦敦的第一家咖啡馆广受好评，在欧洲引发了咖啡馆的
热潮，咖啡逐渐在全球普及。时至今日，咖啡馆早已从
餐饮或零售的类别中独立，成为一种独特的店铺形式。
有太多值得说的咖啡馆，这本书介绍的就是其中之一。

THE COFFEE

🔍 夏颖翀

Photo | Fabian Ong

📀 挂耳咖啡

这是类似于袋泡茶的便携咖啡。看上去很简单的点子，其实历史只有 16 年，发明者也是上岛咖啡（UCC）。相比袋泡茶，烘焙后的咖啡粉需要装在一个充有惰性气体的滤包里，所以其做法更复杂一些。你可以把它看作手冲咖啡和速溶咖啡的"中间点"。

📀 罐装咖啡

1969 年，上岛咖啡（UCC）在日本首次销售罐装咖啡。伴随着数以万计的便利店和自动贩卖机的产生，罐装咖啡成了人们最容易接触咖啡的方式。在日本，平均每人每年要喝掉 100 罐。如今，以"优质咖啡豆"为卖点的罐装咖啡销量增长最快，即使是方便和便宜的产物，人们也开始要求品质了。

📀 胶囊咖啡

把研磨与烘焙好的咖啡粉与惰性气体快速密封进胶囊（capsule）里，使用专门的咖啡机，把高压高温水蒸气注入胶囊，析出的就是胶囊咖啡。它很方便，同时因为胶囊密封性好，口感也更浓郁，而且每杯咖啡的质量稳定。胶囊咖啡经常出现在办公室，不过现在，越来越多的人会在家里摆上一台胶囊咖啡机。📀

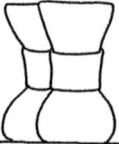

COFFEE
LIFE

THE COFFEE

制作咖啡成了一门学问，因为它直接影响咖啡的风味。就像唱片的发烧友一样，咖啡爱好者们也会计较每个细节。你不必成为专家，但了解一些，会让你在咖啡馆里多些乐趣。

◉ 唐雅怡

⦿TAGS
#咖啡如何制作出来

01 / 滤纸冲泡
在现今的咖啡馆及家庭中，滤纸冲泡法是最主流的咖啡冲泡方式。简单的工具，缓慢的过程，冲泡后散发出的咖啡香，让它有种仪式感，这个过程需要技巧和耐心。

02 / 法兰绒滤布
在滤纸普及前，人们用的是法兰绒。法兰绒滤网的缝隙比滤纸略粗，较容易萃取出咖啡中的油脂，口感更柔和。不过法兰绒滴漏的速度比滤纸更慢，程序更复杂，当然对爱好者来说也更有情趣。

03 / 法式滤压壶
法式滤压壶是从红茶器具衍生而来的，它的金属滤网可以让咖啡豆中的油脂不被完全过滤掉，冲泡出的咖啡中含有大量的"咖啡油"，这是不少人喜欢它的原因。这会让好喝的咖啡更美味，同样，难喝的咖啡也会更难喝，因此选用优质咖啡豆尤为重要。

04 / 虹吸壶
看起来像实验器具的虹吸式咖啡壶，结构大致分为耐热玻璃制成的上壶与下壶，它利用蒸汽压力的原理将下壶的热水送进上壶，而这一萃取过程能够清楚地被观看，充满视觉乐趣，现场效果十足。虹吸式萃取法的火候与温度比较难掌控，但冲泡出来的咖啡苦味较高、顺喉且具有柔和的口感。

05 / 摩卡壶
造型多变、充满设计感的直火式咖啡壶，不需要电力或燃气也可以冲泡，特别适用于登山及户外活动。摩卡壶能冲出最接近意式浓缩咖啡机的浓缩咖啡，但比较难控制温度以及水通过咖啡粉的时间。没有浓缩咖啡机的情况下，也可以用摩卡壶做出类似意式浓缩咖啡的浓度与风味。

06 / 意式浓缩咖啡机
意式浓缩咖啡机使用研磨极细的深度烘焙咖啡豆，配合高压蒸汽来萃取咖啡。使用这种方式冲泡出的苦味浓缩咖啡，咖啡豆的香气与味道凝聚为一体，入口醇厚。还能利用蒸汽来搅打牛奶，制成各种花式咖啡。

07 / 热萃取与冷萃取
以上冲泡用的都是热水，也就是所谓的"热萃取"。而另一种相反的方式，冷萃咖啡（cold brew）是用冷水浸泡经过研磨的咖啡豆 12 小时以上，通过冷萃咖啡桶等器具萃取过滤而成。低温和长时间的浸泡让冷萃咖啡少了一些苦味和酸味，同时，咖啡中的芳香物质也少了一些。◗

● 意式浓缩
ESPRESSO

它是常见咖啡类型的基础，即所谓的"咖啡之魂"。高度浓缩的特点让它的口味浓烈，单纯的 Espresso 只有一小杯（shot），基本在 25 到 30 毫升，最好在三口内喝完。而其他不同种类的咖啡，都是 Espresso 和牛奶、水、巧克力、水果、酒、坚果等原料混合而成的。

⊗TAGS
#意式咖啡有哪些

拿铁、卡布奇诺、玛奇朵……我们在咖啡馆里喝到的，其实是以浓缩咖啡为基础的混合物。各家的配方都不同，我们这里给出了一份便于理解的参考配方。

◎ 唐雅怡

● 拿铁
CAFE LATTE
1 份 Espresso + 1.5 份热牛奶 + 0.5 份奶泡
关键词：大量牛奶

Latte 在意大利语中是牛奶的意思，它是意式浓缩咖啡与牛奶的经典混合。

● 摩卡
CAFE MOCHA
1 份 Espresso + 1 份热牛奶 + 0.5 份巧克力酱 + 0.5 份鲜奶油 + ……
关键词：糖浆、巧克力

拿铁咖啡若加入了糖浆、巧克力等，就变成了味道更为温暖甜美的摩卡咖啡。糖浆与巧克力等酱类的不同种类与分量的组合，为摩卡咖啡带来更多的变化，例如焦糖摩卡（焦糖酱）、斑马摩卡（巧克力酱、白巧克力酱）等。

◐ 卡布奇诺
CAPPUCCINO
1 份 Espresso + 0.5 份
热牛奶 + 1.5 份奶泡
关键词：大量奶泡

Cappuccino 这个名字，让人联想起身着棕色长袍、头戴白色小尖帽的教会僧侣，而僧侣们的装束正是叫"Cappuccino"。相比牛奶，奶泡的质地更为细腻绵密，这让卡布奇诺喝起来更甜，口感更醇厚。

◐ 康宝蓝
CON PANNA
1 份 Espresso +
0.5 份鲜奶油
关键词：鲜奶油

Con Panna 在意大利语中是"加奶油"的意思。在意式浓缩咖啡上，挤一团打发过的鲜奶油。随着鲜奶油慢慢融化，向下渗透，最后深褐色、清澈的咖啡变得浑浊，味道也会逐渐丰润起来。

◐ 玛奇朵
MACCHIATO
1 份 Espresso +
0.5 份奶泡
关键词：小杯

Macchiato 在意大利语中是"标记"的意思。与拿铁咖啡相比，玛奇朵使用的是容量更小的咖啡杯，只在咖啡的表层加一层奶泡而没有再加牛奶，喝起来奶香只停留在唇边，咖啡的味道不会被牛奶稀释。

◐ 美式咖啡
AMERICANO
1 份 Espresso +
2 份水
关键词：水

"美式咖啡"的名称来源有一个很流行但未经证实的说法，"二战"期间在欧洲的美国军人无法适应当地的浓缩咖啡，有加水冲淡后饮用的习惯。随着美国咖啡连锁店的普及，如今美式咖啡变成了工作日早餐最主要的饮料之一。◐

TAGS
#你要烘焙到
什么程度的咖
啡豆

如果说生咖啡豆是剧本里的角色，那烘焙，就是淋漓展现这个角色的演员。

◉ 管家艺

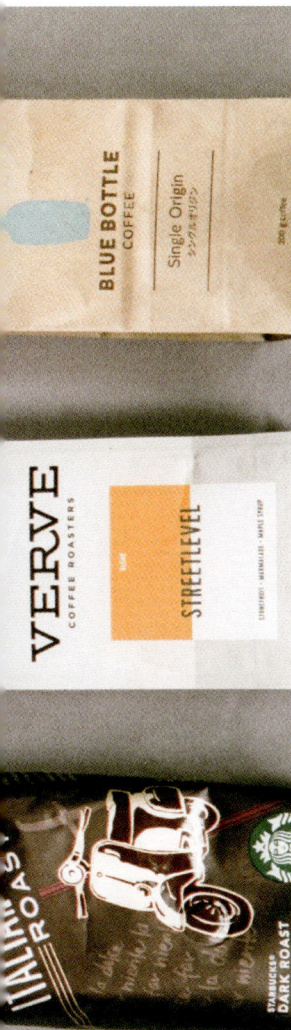

在冲泡咖啡之前，我们得先烘焙咖啡豆。烘焙对咖啡味道的影响，大过萃取和研磨。

一杯好咖啡，能展现酸味与苦味的平衡，体现层次丰富的芳醇，这些都需要烘焙人员根据豆子的特性"因材施教"。通过浅度烘焙，保有适当的酸味可缓和苦味；通过深度烘焙能降低酸味，使整体味道平衡。

烘焙后的咖啡豆，其特性相比生豆更不稳定。因为暴露在空气中，风味会发生改变。通常来说，若能购买到烘焙好之后 2 至 3 天内的咖啡豆，都会被视为不错的选择。

由浅入深的烘焙，会有不同效果。以下为美式分类的常见烘焙程度。

◖ 轻度烘焙
LIGHT ROAST

咖啡豆与生俱来带有花果的酸香味。在轻度烘焙下，仍具有浓厚的青草味。

◖ 肉桂烘焙
CINNAMON ROAST

咖啡豆表面呈肉桂色。此时不仅酸味强烈，芳香成分体现不全，还会有涩味。

◖ 中度烘焙
MEDIUM ROAST

咖啡豆开始变成栗色，口感清淡。仍有酸香味，但明显弱于浅度烘焙。多用于烘焙低地种植的咖啡豆。

◖ 中度微深烘焙
HIGH ROAST

最基本的烘焙程度。酸味中开始展现苦味，大多数咖啡都能在此烘焙下散发出咖啡该有的味道和香气。

◖ 城市烘焙
CITY ROAST

不偏苦，不偏酸，这种烘焙程度平衡了酸苦，能使咖啡豆展现出多层次的风味。常在家庭烘焙或咖啡厅中使用。

◖ 深度城市烘焙
FULL CITY ROAST

是深度烘培中较为柔和的一种，开始让人意识到烘焙的存在。酸味渐弱，苦味渐强。适合制作冰咖啡。

◖ 法式烘焙
FRENCH ROAST

开始凸显出浓郁的巧克力与烟熏相混合的香气。酸味较强的高地咖啡豆在此烘焙下仍能保留独特风味。

◖ 意式烘焙
ITALIAN ROAST

咖啡豆烘焙至全黑状态。苦味强劲，带有焦香。最近，意式浓缩咖啡更多开始采用城市烘焙与深度城市烘焙。◗

以赤道为中线，南北纬 25 度之间的区域是最适宜咖啡作物生长的区域。我们选取了有代表性的 5 类咖啡，当然，全球还有更多咖啡农园，为各地咖啡馆供应着有各自特色的咖啡豆。

🔍 魏佰蕾

A

❶ 曼特宁 MANDHELING

特征：深度烘焙以尝其苦味，中度烘焙以享其醇厚。以印度尼西亚产的曼特宁最有回味。

代表产地：印度尼西亚、印度

B

❶ 危地马拉 GUATEMALA

特征：浓郁丰富的口感，以有烟熏的香味著称。中度或深度烘焙最能体现出该品种的独特。

代表产地：危地马拉、哥斯达黎加、萨尔瓦多、尼加拉瓜

⋮TAGS
#咖啡都从哪里来

C .... D .... E ....

◑ 肯尼亚 KENYA

特征：带有水果般回甘爽口的酸味和香味。特别是它有小番茄和黑加仑一样的风味，在欧美国家很受欢迎。

代表产地：肯尼亚、卢旺达、埃塞俄比亚

◑ 巴西 BRAZIL

特征：酸味与苦味适中，是最容易饮用的一种咖啡豆，常常作为混合咖啡的基调被广泛使用。不论哪种烘焙程度都很棒。它也是产量最大的咖啡豆。

代表产地：巴西、哥伦比亚、玻利维亚

◑ 哥伦比亚 COLOMBIA

特征：口感略微厚重，并且带有咖啡豆独有的甜味。中度烘焙味道清爽，深度烘焙味道浓厚。

代表产地：哥伦比亚、玻利维亚、巴布亚新几内亚 ●

Fri Sat 10:30 - 18:00
Sun 10:30 - 16:30

Sunday Zoo

POPEYE

sunday zoo

coffee tasting stand

丹尼埃尔·J. 哈里斯
Blue Bottle Coffee 前艺术总监，现为自由设计师
📍 洛杉矶，美国

◉ 李思嫣

詹姆斯·费里曼坚信，第一杯咖啡是装在蓝瓶子里的。

1683 年，奥斯曼土耳其的军队席卷了东欧和中欧的大片土地，并占领了维也纳。英雄弗朗茨·乔治·科尔什奇（Franz George Kolshitsky）穿越边境，从波兰带来救兵，解救了这座几近绝望的城市。人们在战利品中发现了好几个奇怪的袋子，里面不为人熟知的咖啡豆差点被当成饲料喂了骆驼。科尔什奇用市长的奖赏买下了所有的咖啡，在维也纳开了欧洲第一家咖啡店铺，取名"蓝瓶子"（The Blue Bottle）。

319 年后，在加利福尼亚州的奥克兰，一个桀骜不驯的自由音乐人厌倦了市场上陈旧且过度烘焙的咖啡豆，决定自己开一家"只卖出炉不超过 48 小时咖啡"的咖啡店。这个咖啡疯子就是费里曼，他带着对科尔什奇英雄事迹的尊敬和开创咖啡历史的希冀，给自己的咖啡店也取名为 Blue Bottle Coffee。

品牌成立初期，费里曼像所有的小餐厅老板那样，打理着 Blue Bottle Coffee 店铺的一切，包括 logo 设计。有限的人脉资源只允许他找到一位他欣赏的画家朋友来做设计。这位画家画了一只卡通蓝瓶子，并将品牌名设计为绕过瓶身的艺术字体的样子。

现在你看到的蓝瓶子 logo，是在 2014 年由美国加州的平面设计师丹尼埃尔·J. 哈里斯重新改造的。

12 年的经营与沉淀，让费里曼真正了解咖啡市场、产品和店铺自身的价值，也对如何将 Blue Bottle Coffee 这个品牌带进大众视野有了更清晰的想法，小咖啡铺子需要发展，需要经受得住时间的考验，不仅要靠好产品的推广，店铺风格也得改进。经典、简约的中世纪现代（mid-century modern）风格便成了费里曼的首选。

手绘艺术字体穿过瓶身的旧 logo 的设计，透着浓厚的 20 世纪 90 年代美国流行文化风，且不说手绘的艺术字体难以辨识，这种风格在 2014 年看来也早已过时。

和店铺风格类似，哈里斯打算把 logo 制作得更干净简约。新设计将品牌名称从瓶身中抽离出来，设置在蓝瓶子图标下方。手绘字体换成了更加耐看的 Halis Grotesque，这种字体介于经典的、有线条感的 Futura 和具有现代感的 Circular 之间，与 Blue Bottle Coffee 的转型方向也更协调。同时，哈里斯提高了蓝瓶子的明度，让新 logo 显得更年轻活泼。哈里斯对蓝瓶子图标的改造并不大——她不想破坏画作本身的"残缺美"，只调整了瓶身的大小和一些边缘细节。

如此，logo 里的蓝瓶子没有过多修饰，却更抓人眼球了。

Q：在设计和经营上，Blue Bottle Coffee 都从苹果公司汲取了灵感，那么在设计 logo 的时候，是否也参考了简单、经典的苹果 logo 设计？

A：事实上，Blue Bottle Coffee 只在包装设计和营销上从苹果获取灵感。我们并没有试图学习苹果的 logo 设计。Blue Bottle Coffee 的诞生，和此前那个"艺术字体穿过瓶身"的 logo 设计，都远早于苹果标志性图像。将复杂的图标简单化，让图像作为主体在移动端凸显，是这几年 logo 设计的趋势。

图像作为用户体验中最核心的部分，是用户感知某个品牌的第一道门槛，也是最容易被记住的部分。本身蓝瓶子和文字"Blue Bottle Coffee"就是一种重复，所以我把旧 logo 里穿过瓶身的文字摘取出来，让蓝瓶子本身充分表达自己。巧的是，苹果也是这么做的：只用一个简单的图标，不加任何文字，让"苹果"说话。

Q：那么更多的灵感来源于哪里？

A：日式茶馆。费里曼在几次到访日本后，对日式茶馆的好客、精致的包装和仪式感充满了兴趣。茶馆的"简约"让顾客可以完全投入到品茶中去，这种纯粹和放松感恰恰是美式咖啡店、餐厅，甚至是酒吧缺少的。

费里曼想把这种情感融入设计当中——并非要照搬日式茶馆的模样，而是将美式咖啡店本身的特点和日式茶馆的好客、纯粹融合得恰到好处，让 Blue Bottle Coffee 的消费体验真实又不失特色。我觉得，这也是后来 Blue Bottle Coffee 能在日本受欢迎的原因之一。

Q：有人说，对于设计师而言，最具挑战的并不是设计一个新 logo，而是为一个已有品牌基础的公司设计一个新形象。因为设计师会受到品牌自身特点的影响，难以施展拳脚，或是融入太多自己的风格，破坏品牌已经建立的形象。你怎么看这个说法？

A：对设计师而言，这是一个自始至终都存在的挑战。对于公司而言，寻找设计师的第一步，就是考量这位候选者是否有能力打破自己的固有观念，能否在视觉上充分表达品牌的理念，或者是他本身的风格是否和品牌相称。如果不是，那么，这位设计师恐怕就不是一个好选择。

费里曼面试我的时候也有过同样的担心，因为他对新 logo 的设计有很明确的期待，他希望设计师既能完全展示 Blue Bottle Coffee 的品牌变化，又不要过度添加自己的个性。幸运的是，我和费里曼有缘，我们有着相似的设计品位，这也是我在设计生涯中第一次感觉到，为一个品牌设计 logo 的同时也是在设计自己。

所以，一个好的设计师必须是一个好的沟通者，设计必定不能脱离客户建立品牌的初衷。

Q：在你看来，怎样的 logo 能称得上好设计？
A：一切都得围绕你的客户，好 logo 首先得是一个沉默的品牌大使。logo 需要向用户传递品牌的氛围：品牌的路线是高端还是亲民？风格是严肃还是有趣？这个品牌有特定的用户年龄层吗？这个公司会常常做一些意料之外的事情吗？用户需要在看到 logo 的一瞬间就对品牌有相对清晰的认知。

但话说回来，一个好 logo 必须"不能阐释一切"。如果第一眼看一个 logo，你觉得它提供的信息拥挤、忙碌、没有条理、没有中心，那么它的设计就太过了。这个临界点，设计师需要反复操练才能拿捏准确。总之，一个好 logo 必须要有好品位，带给顾客好感觉，且能被人记住。

Q：那你觉得什么是"不好的 logo 设计"？
A：如果一个 logo 仅仅跟随当下潮流，那么这阵风过后，它很快就会显得过时。通常，这样的作品出自一个不了解自己、不了解客户的设计师之手。

我也很讨厌横着或竖着拉伸 logo 文字来配合图标的设计，很多汽车品牌会这么做，比如丰田 Tacoma。你完全可以调整字体角度，或是用其他方式微调，但千万不要用压扁或拉长字体这样低级的做法。

最后一点，一个 logo 里千万不要出现两种以上的字体！千万不要！

Q：潮流一直都在变，logo 也一样。前段时间"less is more"的设计风格常被谈及，而现在风向标似乎又变了。那么，怎样的 logo 设计才能经得住时间的考验呢？毕竟，好 logo 和好产品一样，都会传承下去。
A：我同意你的说法，现在"less is more"越来越少被提及，大家更愿意找到一款像苹果一样经典的设计。所以设计师们都在想办法怎样能让 logo 一眼就被人们记住，比如把 logo 做得前卫一点，去掉文字，把所有概念都融入一个图标里。就像之前我说的，这是移动端发展的结果。

对我来说，我愿意花时间去研究客户的品牌。只要 logo 能真实、准确地反映品牌的灵魂，无论它的外表形象和风格如何，消费者都不会觉得突兀，他们对 logo 设计也会有更多尊重。所以，logo 设计没有什么固定的准则，当你看到一种流行趋势时，试着想想 5 年以后这阵潮流是否还会留存。经典的图标 logo 是一个不错的开端，当然有字体的话也要在排版上格外花心思。

Q：你有自己最喜欢的 logo 设计吗？
A：任何人的偏好一定逃脱不了他自己对美的认知，我

喜欢的 logo 都离不开"动画""色彩""趣味""讨巧"这几个元素。下面这些 logo 未必就是最好的设计，只是它们恰好符合我的品位。

● Balance by Armchair Media LLC
Balance 是一家为儿童设立的艺术瑜伽工作室，它想通过运动带给孩子快乐、自信和对"社区"的认知。

很少也很难有设计师能做出像 Balance 的 logo 这样的作品，仅在品牌名称上做文章，但完全表达出了 Balance 的理念：有活力、有趣味、有平衡感，还丝毫没有牺牲文字的辨识度。太有智慧了！

● 佐治亚当代艺术博物馆（MOCA GA）by Armchair Media LLC
哈，这是个有趣的设计。如果我是客户，我会很喜欢这细长的字体，但我更会担心，这样的设计对于大众而言会不会太奇怪？画面给人的视觉冲击会不会盖过 logo 自身的含义？设计师写了一篇文章，说服 MOCA 采用了他的设计，里面有这样一段话：

"这款 logo 设计会在许多年后仍保留新鲜感和张力，因为底部的字体并没有明显的时代感，而上层的艺术作品也是经久不衰的。加之艺术馆可以用新的展作替换 logo 上层的图像，这样灵活的设计不仅能让 logo 作为展览的宣传，还可以不断带给观众新鲜与活力。"

他说服了 MOCA，也说服了我。

● Madewell（麦德威尔）
这又是一个每次都能带给我愉悦的品牌。当然 Madewell 的服饰风格和它想要展现的女性形象本来就很打动我，但我更喜欢它的 logo 呈现，我从来没有在任何其他品牌中看到过这样真实、自然、有诚意的手写体。手写体在 logo 设计中十分常用，但也正是如此，一种字体会被用在很多品牌的 logo 上，设计师会认为这种字体正流行、不出错。但对于 logo 而言，被用烂了的字体永远不会显得特别。◉

Hello，蓝瓶子

Photo | Fabian Ong

TAGS

#弄清楚
Blue Bottle Coffee
的豆子们

孙梦乔

Blue Bottle Coffee 宣扬店铺内出售或使用的咖啡豆都是烘焙后 48 小时以内的新鲜咖啡。为了保证"48 小时以内"，Blue Bottle Coffee 的所有门店都设在新鲜烘焙的咖啡豆能按时送达的范围内，或是直接配有咖啡烘焙所。在东京，咖啡豆都在清澄白河店烘焙，然后运往各个分店。

虽说 Blue Bottle Coffee 从创业起就坚持销售、使用"48 小时以内"烘焙的咖啡豆，但这不代表用 48 小时以内烘焙的咖啡豆制作的咖啡最好喝，而是为了让豆子尽快到顾客手上，让顾客体验咖啡的口味随着时间变化而逐渐到达顶峰的美妙过程。Blue Bottle Coffee 不断试验，列出了不同种类咖啡豆到达口味顶峰的参考时间表，也鼓励

客人寻找自己最心仪的"口味顶峰时期"。

Blue Bottle Coffee 在店内和官网出售的豆子大致保持在 10 种，按照混合（Blends）、单一产地（Single Origin）、浓缩（Espresso）、低因（Decaf）等标准分类。这种分类方法更侧重于咖啡豆的烘焙方式而不是品种，比如"浓缩"种类的豆子，在烘焙中会尽可能降低酸度，将之更深度烘焙，以适合意式浓缩的冲泡方式，与此同时，豆子的产地并不局限于"混合"或是"单一"。

Blue Bottle Coffee 也会推出各种礼盒套装或限量款，这些商品通过店铺和网络渠道出售。有长期喝咖啡习惯的人，可以像订报纸一样，选择定期配送。

来自 Blue Bottle Coffee，不同种类咖啡豆到达"口味顶峰"的时间表

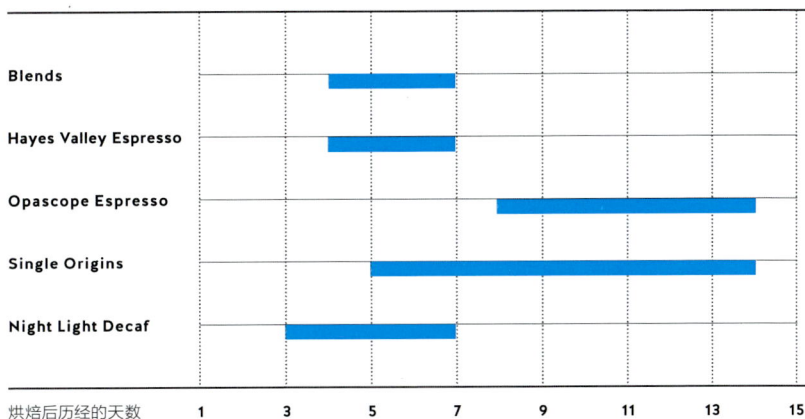

| | Blends | Hayes Valley Espresso | Opascope Espresso | Single Origins | Night Light Decaf |

烘焙后历经的天数　1　3　5　7　9　11　13　15

按照这张图寻找建议中的"最佳品尝日期"吧。然后忘记它，试着找找你喜欢的最佳口味。但 Blue Bottle Coffee 仍然建议，在两周内用完烘焙好的咖啡豆。

Hello，蓝瓶子

目前 Blue Bottle Coffee
出售的主要咖啡品种

1.Blends／混合式咖啡

Bella Donovan
Beta Blend
Giant Steps
Three Africas

2.Single Origin／单一产地咖啡

Colombia Bilbao Los Vascos
Tanzania Elton Farm PeaBerry
Peru Incahuasi Cedrobamba
Kenya Nyeri Kiamwangi
Uganda Mt.Elgon Sipi Falls

3.Espresso／浓缩咖啡

17ft Ceiling Espresso
Hayes Valley Espresso
Opascope Espresso

4.Decaf／低因咖啡

Night Light Decaf

5.Perfectly Ground／顶峰咖啡

BLENDS

> 混合式咖啡

◑ Blue Bottle Coffee 创业 15 周年的纪念咖啡 Alma Viva

Alma Viva 是歌剧《费加罗的婚礼》中主人公的名字，也是 Blue Bottle Coffee 15年前创业时初次出售的混合咖啡豆。创始人詹姆斯·费里曼当时边烘焙咖啡豆边听歌剧《费加罗的婚礼》，由此产生灵感，调和了两种烘焙方式完全不同的豆子，并以歌剧主人公名字命名。这次的纪念版复刻了当年的味道，并装在印有创业初期品牌 logo 的包装袋中出售。

原料产地：哥伦比亚、秘鲁
口味关键词：红糖、巧克力、太妃糖
推荐冲泡方法：滴漏／法压／摩卡壶

◑ Bella Donovan

这是 Blue Bottle Coffee 店铺中最受欢迎的滴漏咖啡品种之一。烘焙程度恰到好处，与奶油也是绝配。

原料产地：埃塞俄比亚、印度尼西亚
口味关键词：巧克力、水果
推荐冲泡方法：滴漏／法压／摩卡壶

◑ Beta Blend

混合咖啡品种很多，但是 Beta Blend 的清澈感（glassy）和花香（floral）让其与众不同。在采购团队和技术团队的合作努力下，这款咖啡也实现了网络销售。

原料产地：埃塞俄比亚、危地马拉
口味关键词：糖渍橙子、牛奶巧克力、桃子
推荐冲泡方法：滴漏／法压／冷萃／虹吸／摩卡壶

◑ Giant Steps

深度烘焙让这款豆子的味道强而有力，适合用滴漏和法压的方式冲泡，却不太适合浓缩或虹吸的萃取方式。Blue Bottle Coffee 也常将这款咖啡推荐给对所有"推荐咖啡"不感冒的个性客户。

原料产地：乌干达、印度尼西亚等
口味关键词：黑巧克力、香辛料
推荐冲泡方法：滴漏／法压

◑ Three Africas

混合了 3 种产自非洲的咖啡豆，带有巧克力的清香。与那些因口味特征鲜明而有个性的单一产地咖啡不同，Three Africas 柔和的味道能让大多数人都接受。

原料产地：埃塞俄比亚、乌干达
口味关键词：柑橘、水果、巧克力
推荐冲泡方法：滴漏／法压／摩卡壶／冷萃

SINGLE ORIGIN

> 单一产地咖啡

◑ Colombia Bilbao Los Vascos

产地哥伦比亚毕尔巴鄂村地处偏僻，又曾因哥伦比亚革命武装力量（the FARC）长达 50 年的占领而导致开发落后。但当地自然生态保持完好，也一直延续着有机种植方式。高品质的哥伦比亚咖啡豆酸味明显，Colombia Bilbao Los Vascos 也不例外。

原料产地：哥伦比亚安第斯山脉海拔较高的毕尔巴鄂村
口味关键词：桃子、柑橘、太妃糖
推荐冲泡方法：滴漏／法压／冷萃／意式浓缩／摩卡壶

◑ Tanzania Elton Farm PeaBerry

PeaBerry 是一种咖啡豆在果实形成期发生的突然变异，原本应该形成两瓣平豆，却只长成一整颗，也被称为圆豆，这种豆子在全世界咖啡豆中的占比为 5% 至 10%，在高级咖啡市场独树一帜。

原料产地：坦桑尼亚埃尔顿农场
口味关键词：覆盆子、红糖、朗姆
推荐冲泡方法：滴漏／法压

◑ Peru Incahuasi Cedrobamba

秘鲁的咖啡豆给人"大量""廉价"的印象，但这种豆子是秘鲁最高品质的咖啡豆之一。豆子生长在海拔 1800 米的地方，温度低、坡度大，因此长成的咖啡豆较软，烘焙过程中应避免大力搅拌。

原料产地：秘鲁库斯科区
口味关键词：杏仁、洋甘菊、红糖
推荐冲泡方法：滴漏／法压

◑ Kenya Nyeri Kiamwangi

尼耶利是肯尼亚咖啡名产地，土地肥沃，水资源丰富，在水的使用上也很讲究。肯尼亚的咖啡大多酸甜，有点类似红酒，又兼具香槟般的气泡，能带出果香。

原料产地：肯尼亚尼耶利
口味关键词：红酒、柑橘、粉色葡萄柚
推荐冲泡方法：滴漏／法压

◑ Uganda Mt.Elgon Sipi Falls

乌干达埃尔贡山地区使用家畜粪尿作为肥料的有机种植法，并加以营养价值较高的蔬菜水果混合种植，以保持土壤健康。Uganda Mt.Elgon Sipi Falls 也是在非洲首次得到"有机认证"的"水洗咖啡豆"，水洗是一种咖啡处理方法，是用水洗掉发酵好的豆子的果肉与果皮。

原料产地：乌干达埃尔贡山
口味关键词：焦糖、花香、葡萄
推荐冲泡方法：滴漏／法压／冷萃／意式浓缩／摩卡壶

ESPRESSO
> 浓缩咖啡

◑ Hayes Valley Espresso

这款混合咖啡豆称得上是所有商品中最浓的一款。加上牛奶后就有加了糖似的可可甜味。

原料产地：危地马拉、哥伦比亚等
口味关键词：红浆果、牛奶巧克力、焦糖
推荐冲泡方法：滴漏／法压／摩卡壶／意式浓缩／冷萃

◑ Opascope Espresso

Opascope 意为幻灯机。将精细的手写痕迹投影到大屏幕上让更多人看到，这样的体验跟 Blue Bottle Coffee 将手工咖啡推广给大众的想法相契合。

原料产地：卢旺达
口味关键词：无花果、蜂蜜、青柠、花
推荐冲泡方法：摩卡壶／意式浓缩

◑ 17ft Ceiling Espresso

这款咖啡豆的名字源自美国旧金山薄荷广场店（Mint Plaza）内高高的天花板。它再现了意大利庶民浓缩咖啡——罗布斯塔浓缩的味道，但使用了高品质的有机咖啡豆。

原料产地：危地马拉、埃塞俄比亚、印度
口味关键词：焦糖、坚果
推荐的冲泡方法：摩卡壶／意式浓缩

DECAF
> 低因咖啡

◑ Night Light Decaf

Blue Bottle Coffee 认为低因咖啡不应该只因为不影响睡眠而被选择，它值得因为口味而获得拥趸。Night Light Decaf 通过非化学方式的瑞士水处理法脱因。

原料产地：苏门答腊、中美洲
口味关键词：奶油、麦芽
推荐冲泡方法：滴漏／法压／冷萃／虹吸／意式浓缩／摩卡壶

PERFECTLY GROUND
> 顶峰咖啡

咖啡豆到达口味顶峰需要等待，而 Perfectly Ground 就是将已到达口味顶峰的豆子直接磨粉，每一袋就是一次的用量。咖啡粉在无氧环境中装袋，最大限度地保留了鲜度，甚至可以骗过 Blue Bottle Coffee 的质量检测专家。

推荐冲泡方法：根据豆子品种而定 ◐

Photo | Fabian Ong

◦TAGS

#不仅仅卖咖啡

🔍 孙梦乔

具有设计感和不断推陈出新的 Blue Bottle Coffee 的衍生商品一直颇受粉丝追捧。除了自主研发的咖啡工具，Blue Bottle Coffee 还与全球特色品牌联名，合作的品牌跨越服装、杂货、汽车、木材、文具等多个领域，联名商品也不仅仅局限于咖啡用品。Blue Bottle Coffee 的"本地支援"（Support Local）项目会在店铺所在的四大都市圈——旧金山、洛杉矶、纽约、东京搜罗当地特色品牌，与其联名发售节日特色商品，意在促进整个地域的共同发展和良性循环。除了一些在全球发售的经典商品，大部分商品只在部分店铺限时、限量出售。

01 / 限定款 Tote 手提袋

与加州环保袋品牌 BAGGU 的联名设计，印有东京清澄白河店铺外观的手绘图案。采用再生棉帆布的材料，有手提和肩背两种使用方法。

02 / 手拭巾

Blue Bottle Coffee 与日本手拭巾专卖店 Kamawanu 联名设计的日式长方形布巾，印有咖啡豆和 Blue Bottle Coffee 的 logo。与传统日式手拭巾一样，既可以当作手绢日常使用，也可以用来包裹礼品或是作为饰品。在东京清澄白河店，白底蓝花的手拭巾被打成蝴蝶结系在帆布包上作为装饰。

03 / 15 周年限量手帕

与东京手帕专卖店 H TOKYO 联名设计的手工纯棉手帕，印有描述 Blue Bottle Coffee 历史的手绘图案。

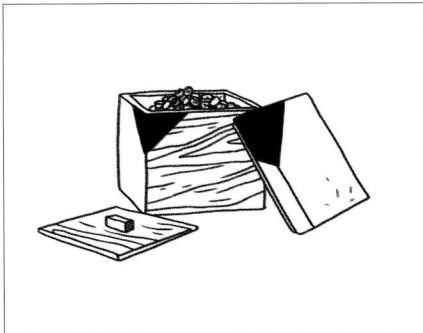
梧桐木咖啡豆保存盒

品川店限定笔记本

15 周年限量手帕

冷萃咖啡瓶

04 / 蓝染帆布袋

与日本德岛的手工蓝染品牌 BUAISOU 合作,将略有瑕疵、无法出售的帆布环保袋重新染色加工,使之重获新生。蓝染是一种传统的染色工艺,使用从蓼蓝的叶子中提取出来的天然染料。这些重新染色的蓝色帆布袋曾在东京中目黑的 Blue Bottle Coffee 限期出售。

05 / 陶制滤杯

在物理学家的参与下,Blue Bottle Coffee 与有 400 年历史的日本有田烧陶器品牌 KYUEMON 合作研制出了拥有合理形状和构造的陶制滤杯,确保咖啡能以稳定的速度流畅地流入杯中。产品设计灵感来自自然界,滤杯内壁有 40 条垂直的凸起,模仿了大树从根部向树叶输水的结构。产品由 KYUEMON 烧制。这款滤杯从 2016 年 12 月底开始在美国和日本同时发售。

06 / 梧桐木咖啡豆保存盒

一款借助"本地支援"(Support Local)项目完成的产品。与日本拥有超过百年历史的梧桐木制品品牌关根桐材店联名开发,与咖啡豆一起出售。梧桐木盒是日本保存贵重物品的传统容器,由职人手工打造。木盒边角上色还使用了 Blue Bottle Coffee 的品牌色。

07 / 冷萃咖啡瓶

与日本玻璃用品品牌 HARIO 联名生产。HARIO 的 V60 滤杯在全球超过 70 个国家出售,它生产的咖啡器具也深受咖啡迷们的喜爱。这款冷萃咖啡瓶形状类似红酒瓶,使用时将咖啡粉和冷水放入冷萃瓶中,再在冰箱中冷藏 8 小时即可饮用。这款产品设计的初衷就是希望冷萃咖啡能像红酒一样融入家庭的餐桌。

08 / 品川店限定笔记本

为庆祝东京品川店开业,与洛杉矶生活方式品牌 Apolis 联名生产的笔记本。很大程度上结合了品川的地区特色——品川是东京重要的交通中转站,来来往往有很多出差的人。这款笔记本正是面向这些繁忙的旅人,还使用了防水的纸质材料。◉

( )

ESPRESSO DRINKS

SINGLE ORIGIN ESPRESSO	+100
ESPRESSO	450
MACCHIATO	460
GIBRALTAR	480
AMERICANO	450
CAPPUCCINO	500
LATTE	520
MOCHA	600

DRIP COFFEE

BLEND	450
SINGLE ORIGIN	550
AU LAIT	500

ICED COFFEE

NEW ORLEANS	500
COLD BREW	500
CASCARA FIZZ	550
LEMONADE	550

Photo | Fabian Ong

TAGS

#点出你的心仪口味

Today's Drip Coffee

BLENDS

THREE AFRICAS

SINGLE ORIGIN

TANZANIA ELTON FARM PEABERRY

Today's Espresso

SINGLE ORIGIN

COLOMBIA BILBAO LOS VASCOS

对那些想享用合口咖啡的顾客来说，在 Blue Bottle Coffee 点单并非轻松的事。它似乎默认，你必须对咖啡产地、口味有足够了解。另外还有一件事要注意：所有饮品没有杯型选择，在店内饮用时，不同咖啡会有各自对应的容器，当然，你也可以选择方便带走的纸杯。

◉ 孙梦乔

MENU

DRIP COFFEE 滴漏咖啡

BLENDS 混合咖啡

SINGLE ORIGIN 单一产地

AU LAIT 欧蕾

SPECIALS 特殊饮品

NOLA FLOAT

新奥尔良雪顶咖啡

ICED COFFEE 冰咖啡

NEW ORLEANS 新奥尔良

COLD BREW 冷萃

PASTRIES 点心

LIEGEWAFFLE

比利时华夫饼

GINGER

MOLASSES COOKIE

姜蜜饼

SAFFRON &

VANILA BEANS COOKIE

藏红花香草饼干

CHOCOLATE CHIP COOKIE

巧克力豆饼干

COCONUTS POUNDCAKE

椰子磅蛋糕

LEMON YOUGURT

POUNDCAKE

柠檬酸奶磅蛋糕

GRANOLA

格兰诺拉麦片

HONEY & SEA SALT

蜂蜜海盐

ORIGINAL GRANOLA +

MILK

原创格兰诺拉配牛奶

ESPRESSO DRINKS

浓缩咖啡饮品

ESPRESSO

浓缩咖啡

MACCHIATO

玛琪雅朵

GIBRALTAR

直布罗陀

AMERICANO

美式咖啡（热/冷）

CAPPUCCINO

卡布奇诺

LATTE

拿铁（热/冷）

MOCHA

摩卡（热/冷）

豆子选择
混合/单一产地

NON COFFEE

无咖啡因饮料

LEMONADE

柠檬特调

CASCARA FIZZ

咖啡果发泡饮料

APPLE JUICE

无添加苹果汁

WATER (MINERAL /

SPARKLING）

水（矿泉水/碳酸水）

HOT CHOCOLATE

热巧克力

KIDS HOT CHOCOLATE

儿童热巧克力

THE SERVICE

◑ SCONES 司康

SCONES（CHEESE & TOMATO）
芝士番茄司康

◑ BLENDS 混合咖啡豆

GIANT STEPS
BELLA DONOVAN
THREE AFRICAS
HAYES VALLEY ESPRESSO

◑ SINGLE ORIGIN
单一产地咖啡豆

COLOMBIA BILBAO LOS
VASCOS
TANZANIA ELTON FARM
PEABERRY
PERU INCAHUASI
CEDROBAMBA

* 咖啡豆选择可参见 P42 – P47 说明。

当天使用的所有咖啡豆会在店内标示出来，P50 这张图是 Blue Bottle Coffee 日本东京清澄白河店的菜单，意味着当天的滴漏咖啡可以选择混合产地咖啡豆 Three Africas，或是单一产地的 Tanzania Elton Farm Peaberry；浓缩咖啡可选择升级为当天提供的单一产地的咖啡豆品种 Colombia Bilbao Los Vascos。每天使用的豆子各店都不同，每日更新。即便是每天都买同一款咖啡，也能尝到不一样的口味。店员会向点了浓缩咖啡和滴漏咖啡的客人确认希望使用的咖啡豆品种。

新奥尔良咖啡和冷萃咖啡由于需要酿制的时间较长，会提前在工厂做好，再运至店内。方便携带的罐装冷萃和纸盒装新奥尔良也会在部分店铺中出售。

考虑到不方便饮用咖啡的顾客，Blue Bottle Coffee 也提供无咖啡因饮料。其中咖啡果发泡饮料使用了咖啡的果肉和果皮。

除此以外，Blue Bottle Coffee 还会不定时推出"期间限定"菜单。新奥尔良雪顶咖啡就是在新奥尔良咖啡的基础上加了日本栃木千本松农场的香草冰淇淋，味微甜又有浓浓奶香。

Blue Bottle Coffee 也有甜品菜单。清澄白河店二楼配有厨房，大部分甜品都是在店内直接烤制。司康、华夫饼、饼干、磅蛋糕和格兰诺拉麦片都是基础单品，但口味总在不断推陈出新。

店内会摆出有现货的咖啡豆清单，分为混合咖啡豆和单一产地咖啡豆两大类，且附有产地和产品说明。在店内品尝后感觉味道不错的客人可以现场购买或网购。◍

Blue Bottle Coffee 主要提供手冲滴漏咖啡和以浓缩咖啡为底的各种调制咖啡，部分店铺还提供虹吸咖啡这种特殊抽取方式的咖啡。除此之外，新奥尔良咖啡、冷萃咖啡这两款冰咖啡需要 12 小时以上的冲泡时间，因此在工厂制作后会供应到各个店铺。当然，买了咖啡豆的顾客也可以遵循 Blue Bottle Coffee 建议的冲泡方式，使用 Chemex 手冲壶、滤杯、摩卡壶等常用工具冲泡。

TAGS
#Blue Bottle Coffee 的冲泡手法

◉ 孙梦乔

❶ Blue Bottle Coffee 滤杯

Blue Bottle Coffee 店铺中整齐排列的滤杯总是给人留下深刻印象，咖啡师一杯杯手冲的滴漏咖啡是它不同于其他连锁咖啡店的重要卖点之一。Blue Bottle Coffee 的瓷制滤杯是自主开发，配合 Blue Bottle Coffee 的滤纸使用。咖啡师精湛的手冲技巧是每一杯手工滴漏咖啡的灵魂。咖啡被磨成近似海盐的程度，大约 23 克咖啡配合 350 克开水。Blue Bottle Coffee 滤纸免去了提前浸湿的步骤，需要有节奏、有方向地浇注 4 次开水，以最大限度地激发咖啡的香气。

冲泡时间：2½ 至 3分钟

❶ Spirit 浓缩咖啡机

Blue Bottle Coffee 使用的咖啡机数次更新换代，现在日本的店铺及部分美国的店铺中使用的带有"Blue Bottle Coffee" logo 的咖啡机，是荷兰品牌 Kees van der Westen 的 Spirit 机型的特别定制款。除了浓缩咖啡，咖啡师们还会以牛奶、奶泡等按比调成各种咖啡饮品，部分配有拉花。

冲泡时间：25 至 30 秒（浓缩咖啡）

❶ Siphon Bar 虹吸

部分提供虹吸咖啡的 Blue Bottle Coffee 店铺使用了日本品牌 Lucky Coffee Machine 生产的虹吸设备。这种咖啡萃取方法利用了热胀冷缩的物理原理，通过加热，将下方球体的热水吸到上方和咖啡粉充分混合，下方球体冷却后，混合好的咖啡被吸回，咖啡渣则留在了上方容器。Blue Bottle Coffee 主张冲泡前要将过滤器在温水中浸泡至少 5 分钟，300 克热水配合 20 至 25 克咖啡。咖啡要研磨得比常规滴漏咖啡更细一些。下方容器内热水进入上方容器后，要调整热源，使水温保持在 85 至 95 摄氏度，并在这时加入咖啡粉末，持续煮 1 分 10 秒。

冲泡时间：2 至 2½ 分钟

❶ Cold Brew 冷萃

冷萃咖啡近几年风靡咖啡界，其清爽的口感在夏天尤其受欢迎。冷萃咖啡通过用冷水长时间浸泡、萃取，然后再过滤的方式制成，相较传统咖啡，酸味和苦味都会减轻不少。Blue Bottle Coffee 的冷萃咖啡制法中，2000 毫升水大约配合 454 克的咖啡豆。由于冷萃咖啡保质期较长，Blue Bottle Coffee 也出售罐装冷萃咖啡，它还开发了冷萃瓶，鼓励顾客在家自制冷萃咖啡。

冲泡时间：12 小时

Photo | Fabian Ong

Photo | Fabian Ong

◗ New Orleans Iced 新奥尔良冰咖啡

由于都是咖啡与牛奶的混合饮品,新奥尔良咖啡与拿铁常被混淆,然而两者的制法完全不同。Blue Bottle Coffee 的新奥尔良冰咖啡制法中,磨得略粗的咖啡粉 1 磅(约 450 克)要混合约 43 克烤菊苣根,再加上 2 夸脱(约 2 升)冷水,在室温中放置12 小时。经过过滤,再配上糖浆和牛奶调制。未加牛奶和糖的新奥尔良冰咖啡可以保存 5 至 7 天,部分 Blue Bottle Coffee 店铺也出售便携的盒装新奥尔良咖啡。❽

冲泡时间:12 小时

Modern Art Dessert
现代艺术甜点

Blue Bottle Coffee 的大部分甜品造型朴素，但这个系列是个例外。凯特琳·费里曼（Caltlin Freeman）在 Blue Bottle Coffee 的 旧 金 山现代艺术博物馆（SFMOMA）店任职期间，创作了一系列以现代艺术作品为灵感的甜品，比如以蒙德里安的作品《红、黄、蓝的构成》为灵感的蛋糕。目前 Blue Bottle Coffee 与 SFMOMA 已经终止了合作，但这组以艺术蛋糕为主题的系列食谱业已集结成册出版。

Scones（cheese & tomato）
芝士番茄司康

司康制作中可以搭配各种辅料，并不局限于咸或甜。因此 Blue Bottle Coffee 的司康菜单也丰富而多变，除了芝士番茄，还会出现蔬菜司康、巧克力司康等。

Liège Waffle
比利时华夫饼

这是发源于比利时的经典小吃，也是 Blue Bottle Coffee 的经典甜品之一。相比蓬松的布鲁塞尔华夫饼，比利时华夫饼更小、口感更实。它会在店里现做，然后热腾腾地上桌。

Blue Bottle Coffee 创始人詹姆斯·费里曼的妻子凯特琳·费里曼是 Blue Bottle Coffee 的糕点师，创作了很多经典小食。她也是旧金山甜品店 Miette 的创始人之一。担任 Blue Bottle Coffee 甜品主厨后，凯特琳主张甜点作为咖啡的衬托，不能喧宾夺主。Blue Bottle Coffee 的大部分甜点并不花哨，也从不会在甜点中使用咖啡，部分甜点的包装甚至只是一张咖啡滤纸。

◉ 孙梦乔

Ginger Molasses Cookie
姜蜜饼

Saffron & Vanila Beans Cookie
藏红花香草饼干

Chocolate Chip Cookie
巧克力豆饼干

Blue Bottle Coffee 的饼干颜色单一，也没有任何造型修饰，看起来和普通的家庭烘焙差不多，但口味却充满巧思。比如传统的姜饼，凯特琳·费里曼就曾摒弃传统的姜饼配方，使用特殊的黑豆蔻来调味。

Coconuts Poundcake
椰子磅蛋糕

Lemon Yougurt Poundcake
柠檬酸奶磅蛋糕

除了椰子磅蛋糕和柠檬酸奶磅蛋糕，Blue Bottle Coffee 菜单中的"磅"系列蛋糕还可以列出长长一串：柠檬罂粟籽磅蛋糕、中国柠檬紫蓝莓磅蛋糕、薰衣草磅蛋糕，或是樱花磅蛋糕。各种应季食材的使用，让磅蛋糕成为 Blue Bottle Coffee 最有季节感的甜品。

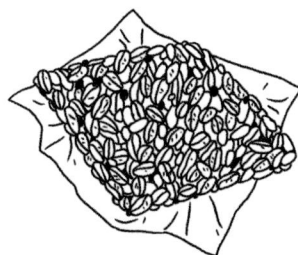

Granola
格兰诺拉麦片

Honey & Sea Salt
蜂蜜海盐

Original Granola + Milk
原创格兰诺拉配牛奶

Blue Bottle Coffee 格兰诺拉麦片称得上是一种健康食品，使用燕麦和坚果碎在低温下烘烤而成，口感酥脆，和牛奶、酸奶以及水果都是绝配。由于保质期相对较长，Blue Bottle Coffee 日本店的格兰诺拉麦片也会袋装出售。◉

BLUE BOTTLE COFFEE 的音乐播放清单 A

Autumn Sweater	••• Yo La Tengo
Make You Wanna	••• Ta-ku
Magpie to the Morning	••• Neko Case
Baby, Your Light Is Out	••• Young-Holt Unlimited
Two Bodies	••• Flight Facilities feat. Emma Louise
My Sweet Lord	••• George Harrison
The Great Pumpkin Waltz	••• Vince Guaraldi Trio
Magic Show	••• Andrew Goncalves
The Chainsmokers	••• Closer
River Bend	••• Kevin Cott
Pure Imagination	••• Gene Wilder
Always On My Mind	••• Pet Shop Boys
Shapeshifting	••• Great Good Fine Ok & Orla Gartland
String Sextet No.2	••• Johannes Brahms

⁝TAGS
#店铺里的播放清单

◉ 孙梦乔

背景音乐并非仅仅为了"分享所爱"。播放一张自己珍爱的音乐专辑，等于在向所有顾客展示自己生活的一部分，然后你也会有回报——顾客们会说，"我记得这张专辑"，或是"这首歌总能给我带来好心情"。这似乎还不错。

因为一个走进来的客人而换上与之相契合的音乐，或是配合当天天气选一张专辑，在选择背景音乐这件事上，Blue Bottle Coffee 的用心程度不亚于冲泡咖啡。

"就像画画不能没有合适的画布和底色。"美国纽约迪恩街（Dean Street）店的经理妮科尔·多拉齐奥（Nicole D'Orazio）说："没有音乐，你就无法营造出一个宜人、舒适，能够激发创造力的咖啡空间。"

Blue Bottle Coffee 的音乐播放列表没有固定模式，咖啡师们兼任了咖啡馆 DJ 的角色，他们可以自由选择能够表达自己个性且符合环境的背景音乐。一间 Blue Bottle Coffee 店铺的音乐播放列表，既会传达这个地方的特征，也体现着咖啡师们广泛而多样的音乐偏好。

BLUE BOTTLE COFFEE 的音乐播放清单 B

BLUE BOTTLE COFFEE 美国纽约店音乐播放清单

Black Coffee	••• Peggy Lee
Retrograde	••• James Blake
Summertime Sadness	••• Lana Del Rey
Shoulda	••• Jamie Woon
Easy Living	••• Billie Holiday
Coffee	••• Sylvan Esso
Stay	••• Maurice Williams & the Zodiacs
God Only Knows	••• The Beach Boys
Chateau Lobby #4 (in C for Two Virgins)	••• Father John Misty
Across 110th Street	••• Bobby Womack
I Loves You Porgy	••• Miles Davis

BLUE BOTTLE COFFEE 美国洛杉矶店里播放过的几首歌

Baby	••• Ariel Pink
I Don't Know	••• Beastie Boys
Lady Day And John Coltrane	••• Gil Scott-Heron
Dreams	••• Fleetwood Mac

BLUE BOTTLE COFFEE 美国加州湾区店里循环播放的几首歌

Moanin'	••• Art Blakey and the Jazz Messengers
Slow Hand	••• The Pointer Sisters
Logan Rock Witch	••• Aphex Twin

BLUE BOTTLE COFFEE 日本东京店喜欢的几首歌

Heart Is a Drum	••• Beck
Like an Arrow	••• Lucy Rose
Taro	••• alt-J

播放清单 A：2016 年 9 月，Blue Bottle Coffee 向员工征集了一份"他们最近在听的音乐"清单，作为秋季音乐播放列表。
最后一首 *String Sextet No.2* 来自创始人詹姆斯·费里曼的推荐。
播放清单 B：纽约店的播放列表为 2016 年 5 月 27 日的音乐播放列表。

Blue Bottle Coffee 的背景音乐也是一种情绪表达方式。美国洛杉矶地区销售总监布雷特·加勒特（Brett Garrett）说："咖啡馆和人一样有情绪。清晨或是要开会的工作日、周末的早午餐、黄昏时的下班高峰期，这些时段的情绪是不一样的。"季节更迭也是带来情绪变化的重要因素，所以店内的背景音乐往往要配合这些情绪变化做出调整。

美国旧金山薄荷广场店 的咖啡师兼"非官方"音频设计师 Bryn Garrehy 擅长抓住当下的"情绪"，来选择适合在当时环境播放的音乐，"当落日刚刚染红天空，人们正在你的店里约会，你开始播放迈尔斯·戴维斯（Miles Davis）的 *Porgy and Bess*，这就会是个不错的选择"。 ●

THE ARCHITECTURE

▪TAGS
#塑造空间风格

◉ 罗啸天

长坂常 | Nagasaka Jo
1971年生于日本大阪，1998年毕业于东京艺术大学美术学部建筑学科，毕业同年设立了自己的设计事务所 Studio Schemata Architecture，后来改名为 Schemata Architects。Schema 的原意是设计初期的图解阶段，而这个名字，也恰好呼应了 Schemata 作为一个同时涉及建筑设计、室内设计、工业设计多个领域的事务所的标志性风格——抛弃花哨的装饰，回到原初。

在不同设计领域都有所涉猎、"三心二意"的建筑师，这是人们对长坂常最直接的印象。长坂常对此并不抵触，相反，他认为自己最擅长的事情也在于此。他曾回忆，在拥有代表作之前的很长一段时间，他在不同领域之间来回切换过多次，从小玩意到建筑都设计过。也正是这段没有规划的经历，成了他日后横跨各领域设计的重要基石。

他设计的狭山公寓（Sayama Flat）是对他的职业生涯影响最大的一个作品，也正是这个作品开启了他的个人风格，让他获得各类赞誉。

在设计狭山公寓的时候，由于没有多少改造资金，最初的策略是先把这个房龄 38 年的旧公寓恢复到原始模样。这本来只是个通过降低预算达到翻新目的的设计，但在拆除过程中，长坂常发现这个公寓产生了不可思议的美感。光秃秃的木头和裸露的混凝土相映成趣，墙壁去掉后，地板之间也产生了新的交接关系，在这个普通的一室一厅的房间里，他产生了一种对空间的新的观察方式。长坂常最终决定保留这种原始的美感，不再向这个空间加入其他设计，仅作一些细节的修补和涂刷。

也正是从这个项目开始，长坂常意识到，用直接和简洁的方式使用建筑材料，可以表达它们各自的特性。这类手法也延伸到他接下来的设计中。木头、涂料、混凝土等材料，不再被他看成是创作素材，或是互相结合使用，而是被当作独立的事物分别对待，这种做法也产生了独特的抽象美感。

改造旧厂房、旧仓库、旧旅馆，将它们变为店铺，这样的案例虽多，但很少有人像长坂常这样形成了自己独特的改造风格。长坂常所谓的"个人风格"，并不是像大多数设计师那样使用固定手法形成个人印记，而是源于他思考问题的习惯——他会尝试发掘普通事物的新个性，说服使用者接受它。这让他的设计产生了类似的特质，即便在室内设计、住宅设计上也有很多独特的构思。所以，当他的作品出现时，大家就能很快辨识出来，这就是长坂常。

长坂常

建筑师

Schemata Architects

建筑师事务所创始人

主要作品：
Flat Table
Sayama Flat（2008）
Aesop Aoyama（2011）
House in Okusawa（2009）
HANARE（2011）
Vitra exhibition（2015）
Blue Bottle Coffee（2015）

Q：你的事务所极简风格的网站设计让人印象深刻，但关于事务所的信息也少得让人觉得神秘，所以 Schemata 事务所是怎么运作的？

A：整个事务所的规模并不大，所以主要是我在负责管理运作。周一我们会有持续数小时的集体会议，周二和周五则主要是每个项目的团队内部讨论。周三、周四这两天更多的是在外边跑来跑去，同时也有各种各样的会要开。嗯……这样看来我好像每天都是在开会。

Q：相比其他建筑学专业出身的设计师，似乎你花了更多的精力在更新改造旧建筑和室内空间的设计上，是因为你个人更偏好这种小尺度的、重视细节的设计，还是由于现在设计行业都趋于精致化？

A：其实我对建筑设计和室内设计同样感兴趣，并没有绝对的偏好。每种设计都有它独特的趣味和美感。但我的确在寻找二者之间的平衡点，一直以来，我都在思考和关注家具和室内设计如何在建筑空间中成立，而不是彼此脱离。家具和室内环境其实主导着人在建筑中的活动。

Q：你的很多项目都是改造旧建筑，并在这个空间

置入新用途。这样的手法也延续到了 Blue Bottle Coffee 的店铺设计中，是因为这样的手法吸引了 Blue Bottle Coffee，从而开始了双方的合作吗？**

A：其实我不认为自己做的事情是把新的功能放进了旧的建筑，而是通过这种方式让人们重新思考"新"和"旧"的关系。詹姆斯（Blue Bottle Coffee 创始人）对我这个想法很感兴趣，他觉得我可以更好地向日本消费者阐释 Blue Bottle Coffee 这个品牌对咖啡的想法。于是通过一个朋友的介绍，我们接触并开始了这一系列合作。

Q：很好奇，你在设计东京几家 Blue Bottle Coffee 店铺的时候，是如何思考人们喝咖啡这一行为的？你觉得怎样的空间才是受到人们青睐的空间？

A：阳光下的中目黑店是我最喜爱的设计之一。这个店不像其他店一样坐落在嘈杂的区域，所以街道非常安静，周边也连着很多小商店，从咖啡店里往外看，人们行走在街道上的场景非常美好。青山店我也很喜欢，我挺喜欢清晨坐在阳台上的感觉，这家店的空间设计也表达了我的个人兴趣。

Q：Blue Bottle Coffee 的店铺设计和你其他的

Blue Bottle Coffee 东京中目黑店 **Photo | Takumi Ota**

Blue Bottle Coffee 东京青山店 **Photo | Takumi Ota**

狭山公寓　　　　　　　**Photo | Takumi Ota**

店铺设计似乎有很多不同之处。在以往的店铺设计中，你更多在尝试如何在空间里展示商品，而在 Blue Bottle Coffee 的店铺设计中，你似乎也在有意地展示人的活动？

A：当然，每个项目都有独特的需求。我要做的就是根据客户的要求、尽我所能地去表达清楚一个被设计的主体，包括它的个性和特征。当然，在我以往的建筑设计里，你会发现一些共性，比如我很喜欢思考怎么去展示一个事物的新特性，"重新思考发掘另一面"成了我做设计的标签。在我看来，Blue Bottle Coffee 也是一家有这种特质的公司。

比如清澄白河店，在我们改造之前是一个仓库建筑，而中目黑店原本是一个电气工房。正是这些建筑各种不同的经历和背景，让我在设计的时候自然地选择了不同的策略。

Q：在你设计的门店里，我们注意到，座位空间并没有占据主要的店铺空间，这与其他的咖啡店设计有着较大的区别，更少的椅子和更大的空间是你的设计策略之一吗？

A：我这么做有两个原因。第一，中目黑店其实离热闹的街区和车站很远，所以我只是想把店铺设计得更加社区化。平时这个店铺更多地服务于住在这个区域的居民，所以空间并不需要设计得非常拥挤，这也是为什么店里只有数量不多的椅子。第二，我也会在咖啡馆里设计一些画廊空间，但我发现，社区的居民经常在这样的空间里组织一些集体活动，所以你也会发现，我在这些空间也摆了一些座椅。

Q：你还会继续和 Blue Bottle Coffee 合作吗？如果会的话，将来的设计路线和策略会有怎样的调整？

A：嗯，我们和 Blue Bottle Coffee 还有几个正在进行的项目。但目前我只能透露，下一家门店是 2017 年10 月底开业的东京三轩茶屋店。目前我在美国也已经完成了一家位于 Bradbury 的门店，当然，如果有机会的话，我也希望和他们继续海外的合作。

Q：你在东京还有什么喜欢的咖啡馆吗？

A：我推荐驹泽公园附近的一家咖啡馆 PRETTY THINGS。这家咖啡馆的桌子和椅子都是沿着咖啡馆外边的墙壁摆放的，这让坐在室外的人的视线可以非常自然地透过窗户看进咖啡馆内部，感受到室内和室外空间的"对话"。◐

ESPRESSO DRINKS

SINGLE ORIGIN ESPRESSO

ESPRESSO

MACCHIATO

GIBRALTAR

AMERICANO

CAPPUCCINO

LATTE

DRIP COFFEE

BLEND

SINGLE ORIGIN

AU LAIT

COLD COFFEE

NEW ORLEANS

COLD BREW

LEMONADE

无论是在东京这样庞大密集的都市，
还是在都市形态更加分散的美国城市，
Blue Bottle Coffee 都通过自己几近严苛的选址标准，
在城市中找到了属于自己的一席之地。

◉ 罗啸天

去 Blue Bottle Coffee 的店铺买咖啡，顾客们大多会获得统一的空间体验——大面积使用落地玻璃，流动的咖啡制作空间，简洁又不失细节的材质应用。这样的空间，让人们不自觉地将 Blue Bottle Coffee 的店铺与在苹果公司 Apple Store 的类似体验相提并论。

如果你仔细观察 Blue Bottle Coffee 的店铺，又会发现，它其实不像苹果或星巴克那样，经常使用一些重复的元素来塑造统一的店铺形象。在 Blue Bottle Coffee 的店铺中，没有一家使用重复的设计元素。空间布局、家具设计，甚至材料、基本色系的使用都不相同。

这也是 Blue Bottle Coffee 的最大特点，它不想通过复制设计来营造店铺氛围，而是会根据精心挑选的开店位置以及街道氛围来考虑店铺的设计策略。在初期，创始人詹姆斯·费里曼会亲自思考如何设计每一家店：既要表现 Blue Bottle Coffee 的特有的风格，又希望店铺与城市发生有趣的互动。

无论是在东京这样庞大密集的都市，还是在都市形态更加分散的美国城市，Blue Bottle Coffee 都通过自己几近严苛的选址标准，在城市中找到了属于自己的一席之地。

在蔓延扩张的多中心城市洛杉矶，人们的生活方式各不相同，只有部分人会在城市的中心区居住生活，更多人则是开着汽车穿梭，有各自的生活重心。于是你会在很多意想不到的地方发现 Blue Bottle Coffee 的身影。这些地方不是人流聚集的中心，反而可能是不起眼的城市角落。

比如在嬉皮士聚集的 Echo Park 区域，你会发现在行人不多、车速飞快的主干道边有个不起眼的 Blue Bottle Coffee 门脸；或者是在城中心东部的 Art District，一个涂鸦爱好者和流浪汉聚集的废弃厂房区，你也能发现它们在那里用落地玻璃装饰了一栋厂房。除此之外，还有更多的店铺，藏在社区里、步道旁，等着人们在散步时不经意间发觉。

Photo | Fabian Ong

清澄白河店
地点 / 日本 东京
落成时间 / 2014
设计 / Schemata Architects

作为 Blue Bottle Coffee 进入日本的第一家门店，清澄白河店的选址可谓独树一帜。它既没有选择新宿这样繁忙的商业中心，也没有选择代官山这样潮人集聚的时尚街区，而是选在了城市东部的安静居民区中央。这个区域一直以来都是民宅聚集的地方，街道上几乎没有车，这样适宜散步的街区氛围聚集了一些独立咖啡馆，也吸引了 Blue Bottle Coffee 选址此处。

Photo | Fabian Ong

清澄白河店附近没有公交站，离最近的电车站也要步行 10 分钟。但是这丝毫不影响它一开业就吸引了众多人前来排队品尝，在一片民居与办公大楼间，它拥有极具识别力和设计感的店铺设计。

如果你在黄昏步行前去，穿过几个安静的低矮居住区之后，会发现前方不再昏暗——灯光从一栋建筑的大玻璃窗透出来，照亮了整个街角，而上方的白色墙体印着硕大的蓝瓶 logo 也让人印象深刻。即便是不认识这个牌子的人，也能感受到这家店给这个街区带来了不凡的魅力。

这个独立的建筑体原本只是一个仓库。后来被 Blue Bottle Coffee 改造，不光有一层的店铺和烘焙空间，

Photo | Fabian Ong

也在二楼设置了团队的办公和培训空间。一层的烘焙空间和店铺空间完全联通，局部透明的天花板也能让顾客一边喝咖啡，一边意识到二楼在发生其他的活动。

这栋建筑由日本设计团队 Schemata Architects 事务所设计。由于是日本第一家门店，需要承担未来门店所需的生豆烘焙和员工培训等功能。Blue Bottle Coffee 提出了"Seed to Cup"的概念，即在同一个空间中把咖啡豆如何制作成一杯成品咖啡的系列过程展示给顾客。下层的顾客可以在这个"工厂空间"里感受生产带来的好奇感，而上层的员工也可以观察一楼的生产状况和消费者体验。这一设计不光塑造了一个极具现代感的空间环境，同时也树立了透明的品牌形象，为经营团队和顾客营造了一个积极沟通的氛围。

Photo | Fabian Ong

Photo | Takumi Ota

Photo | Takumi Ota

中目黑店
地点 / 日本 东京
落成时间 / 2016
设计 / Schemata Architects

长坂常说，他原来的办公室和自己的一个项目
"HAPPA 旅馆"曾经就在这条街道上，所以他对这条
街道的每间店铺都了如指掌。而中目黑店改造之前的
建筑就在其工作室的正对面，曾经是一座电气工房。

在改造这栋建筑的过程中，长坂常考虑到了街道上店
铺的尺度都小于平常的空间。为了延续这种尺度感，不
至于让走进这个空间的人感觉过于突兀，一层的大空
间被故意切分为错层的小空间。地下是饮用咖啡和展
览的空间，一层是操作台空间，二层则是团队办公空
间。虽然处在不同的层高，但是不同的功能空间依旧

保持着可视性。

同样是一个改造项目，长坂常在视觉设计中延续了清
澄白河店的设计风格，如天花板也设计了透明的窗口，
可以沟通上下层的视线；还有暴露的建筑金属结构，突
出了材质之间的对比。然而在细节设计上，中目黑店比
清澄白河店多了许多巧妙的做法。首先是透明的正立
面玻璃墙上设置了水平旋转窗，在打开时能方便室内
外顾客的沟通。其次是空间中设置了不同高度的植物，
高的植株可以从地下一层生长至二层的高度，使空间
在高度上也形成视觉的统一。

另外，各层的墙壁设计也有不同的区分，一层可以感受
到来自清澄白河店的影响，以不锈钢板和木材合板为
主，在细致之中又透出冷、暖两色，营造了冲突的美感。
而地下部分的墙面，采用了完全剥离材质的做法，近距
离观察甚至可以分辨出建筑在不同时期被修补的痕迹。
而在一层之上的办公和培训空间，建筑空间变得逐渐
清晰和冷静，使人更容易投入工作。

Hello，蓝瓶子

Bradbury 店
地点／美国 洛杉矶
落成时间／2017
设计／Schemata Architects

长坂常的设计风格与 Blue Bottle Coffee 的品牌理念
达成了默契，这让他帮助 Blue Bottle Coffee 在日本
受到欣赏和欢迎。由此，他也有机会开始接手一部分
美国地区的 Blue Bottle Coffee 店铺设计。2017 年年
初开业的洛杉矶 Bradbury 店，便是他在美国的第一
个 Blue Bottle Coffee 店铺设计。

Bradbury 大楼，是一栋出现在包括《银翼杀手》等多
部电影里的历史地标建筑。店铺坐落在洛杉矶地理位
置优越的街区拐角，在那里可以享受到充足的日照，建
筑内部也有很高的空间。这样的好地方当然没有被嗅觉
敏锐的 Blue Bottle Coffee 放过。

这家店最与众不同的，是咖啡馆的一侧被设计成了小型
的图书室，书架从地板延伸到天花板。顾客不光可以
随意翻阅书籍，也可以购买。书籍出售的收入会被用
来建设洛杉矶市的公共图书馆。

Photo | Teresa Tam

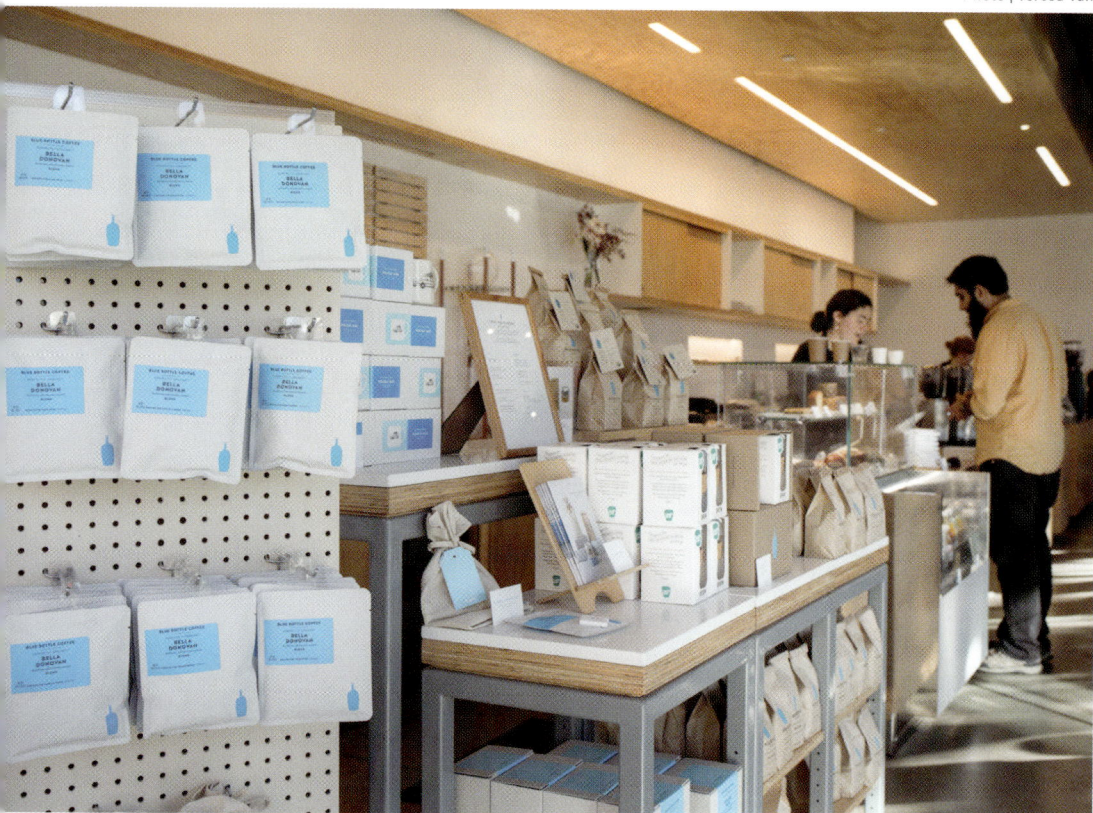

Photo | Teresa Tam

BLUE BOTTLE IN THE CITY

伯克利 Downtown 店
地点 / 美国 伯克利
落成时间 / 2016
设计 / Lincoln Lighthill Architect

Photo | Teresa Tam

这是距离伯克利大学不远处的一家门店，由当地一家成立不久的建筑事务所 Lincoln Lighthill Architect 负责设计。

该门店位于街道的转角处，全部采用玻璃幕墙结构，不大的室内空间完全展示在街道的视线之下。店内的设计也显得非常紧凑，几乎摆满了桌子和柜子等家具。仅仅是这些家具，便形成了这家咖啡馆空间的主要元素，也是重点设计的对象。

在店员的操作台部分，原本 Blue Bottle Coffee 标志性的水平操作台被切分为几个大小相似的部分，每个部分之间有 10 厘米左右的间隔，这是为了进一步消除店员和客人之间的距离，营造更轻松的氛围。

相应地，顾客区的桌子也按照相同的方式水平伸展开来。不同宽窄、高低的桌子能适应不同的使用需要。桌子之间也保持着恰好的间距，使饮用咖啡这个行为与家具有更多的互动关系，让客人们彼此产生更多交流。

另外，天花板处防止声音反射的隔板和灯光，还有墙上的架子，无一不是在强调点线状排列的秩序，让整个空间即便在极少的设计要素下也形成了特有的节奏和趣味。

专门设计的柜台也在侧面制造了木合板的叠放肌理，并故意让粗糙的边缘暴露出来，顶部依旧设置了方便清洗的不锈钢面板，不过是悬浮在木头部分之上。这些多样的细节放大了咖啡台的手工艺感，也侧面表现了这里作为咖啡职人技艺展示平台应该具有的气质。

BLUE BOTTLE IN THE CITY

South Park 店
地点／美国 旧金山
落成时间／2017
设计／Bohlin Cywinski Jackson

Blue Bottle Coffee 和 Bohlin Cywinski Jackson 事务所（以下简称 BCJ）在 2017 年开始了门店设计方面的合作。BCJ 这间大名鼎鼎的美国建筑事务所，曾经与苹果合作完成了包括第五大道 Apple Store 在内的多个经典旗舰店设计。

而这家于 2017 年完成的 South Park 店，是 Blue Bottle Coffee 和 BCJ 第一次合作设计的店铺。该建筑原属于科勒集团，一层是店铺空间，上部是货物仓库。

设计者在将其改造成为咖啡馆时，选择保留建筑本身的美感，把不必要的装饰和构件都拆除，使建筑本体成为被关注的焦点。通过设置更简洁的无缝玻璃，建筑被简化为梁和柱等线条要素，这让路过的行人可以更直观地理解这栋红砖建筑。

店铺的内部，最令人瞩目的是天花板上的矩形框架，它突出了室内空间的韵律感。如果是晴天，它会在店铺内制造出有趣的光影。同时，这些矩形木框架的内部也有着不同的功能，有些低处的橱柜形的框架被设计成放置商品的货架，高处的一些搁板形式的框架则用于放置音响系统。

整个店铺也设置了适应不同需求的座位：入口附近的站立吧台，靠窗的高桌子，一些围着圆几的矮凳，以及环绕着大圆桌的扶手椅等。

这只是 BCJ 团队与 Blue Bottle Coffee 合作的开始，他们计划将在纽约、波士顿、迈阿密等地合作更多的店铺。

Blue Bottle Coffee 不光通过独特的选址策略彰显了品牌本身的个性。同时也通过调整店铺的设计策略，让自己的店铺融入这个城市的文化氛围中，与街道和居民发生有趣的互动。渐渐地，你在向往那一杯好喝的咖啡的同时，也会开始期待更多的东西——寻找一家舒适的 Blue Bottle Coffee，看它藏在这个城市的哪个角落，也成了探索这个城市乐趣的一部分。🌀

Photo | Teresa Tam

1/10	2/10	3/10
你在家里喜欢怎么煮咖啡？	你喝什么咖啡？	你每周在家做几杯咖啡？
Select all that apply.	Select all that apply.	Select only one.

法式滤压壶	清咖啡	1
咖啡机	加奶	5
手冲	加糖	10
Chemex 手冲壶	低因咖啡	15
爱乐压（Aeropress）		20
意式浓缩咖啡机		
冷萃		
其他		

CONTINUE	CONTINUE	CONTINUE

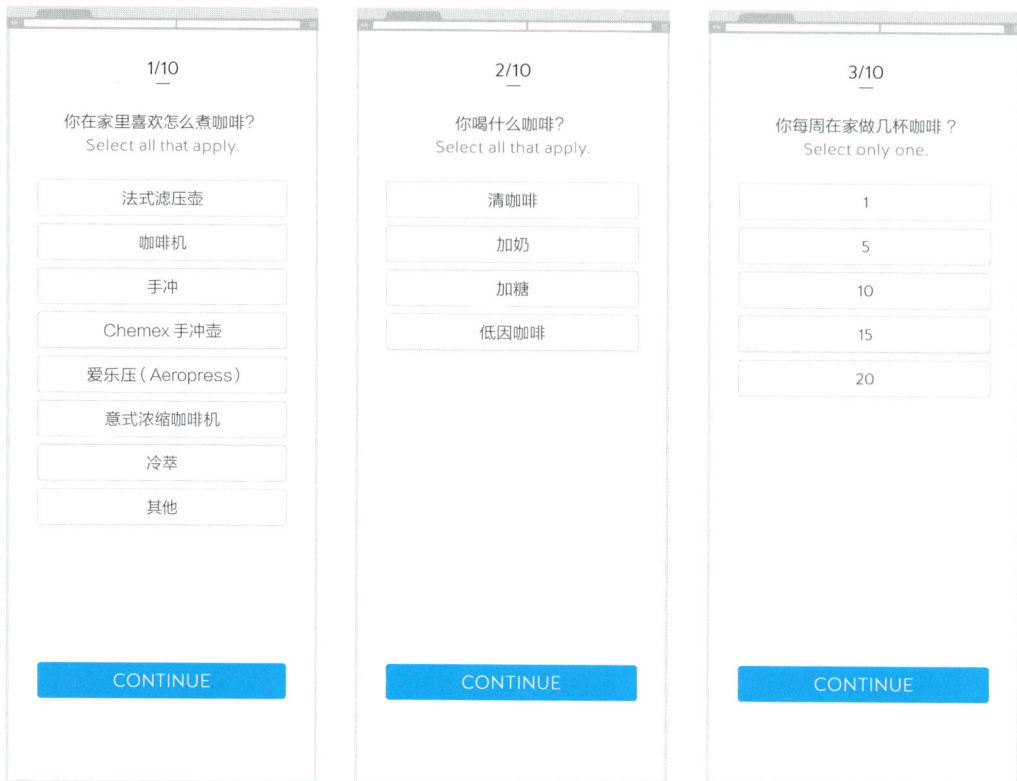

你无须成为一个资深咖啡爱好者，Blue Bottle Coffee 的网页会带你一步步找到属于你的口味。它让一杯精品咖啡离你不那么远。

咖啡和香水挺像，在没有闻或品尝之前，你很难用语言描述自己最喜欢的那一款。但 Blue Bottle Coffee 试图用自己的网站解决这个问题，只需要回答 10 个问题，你就可以找到一款最合自己口味的咖啡豆。

在网页被改造前，网上咖啡销售只占 Blue Bottle Coffee 全部营业额的 10%——这个成绩并不太差，但那只是个普通的官网商城，挂出咖啡豆的名称、照片和价格，等着人们来买。

这对于总是把"体验"挂在嘴边的 Blue Bottle Coffee 创始人詹姆斯·费里曼来说当然不能接受："网页不一

⊙TAGS
#它怎么让人认识自己

● 李思嫣

定要提供和实体店完全一致的服务，但至少能让顾客有相似的咖啡体验。"

bluebottlecoffee.com 的设计者是 Google Venture（简称 GV），它是一家隶属于 Alphabet Inc.（Google 的母公司）的风险投资公司。它有一个 7 人的设计团队，同时为超过 150 家公司服务。GV 负责整个网站的逻辑设计，并找了加拿大网页设计公司 Dynamo 负责视觉呈现。

GV 前设计师 John Zeratsky 认为最大的挑战是要了解 Blue Bottle Coffee 的消费者到底是怎么买咖啡的。

选购咖啡和咖啡豆的难处在于，不同的冲泡方式、咖啡产地、烘焙程度组合出了无数种选择，然而并非所有顾客都是品咖啡的行家，单凭多种产品简单的描述，网页并不能触到消费者的神经。那么，到底什么才能激发他们对气味和口感的想象，引起购买欲呢？

设计师们访问了不少 Blue Bottle Coffee 的常客。他们发现人们并不太关心咖啡豆产自何处，或如何烘焙，他们更在乎这杯咖啡的制作过程，因此，星巴克对咖啡豆的那一套分类方式并不适用于 Blue Bottle Coffee。

Blue Bottle Coffee 会根据顾客一般在家使用的冲泡

6/10
—

你喜欢的咖啡酸度有多高？
Select only one.

低酸度

高酸度

CONTINUE

7/10
—

你喜欢咖啡里的什么风味？
Select all that apply.

花香

果香

红糖

烤坚果

巧克力

泥土味

CONTINUE

8/10
—

你最喜欢什么香料风味？
Select all that apply.

肉桂

黑胡椒

豆蔻

罗勒

辣椒

生姜

迷迭香

香菜

CONTINUE

器材，以及倾向的口味来划分咖啡豆的品类。你不需要查询每一种豆子的特点，比如点击"法压壶"（french press）和"带巧克力味的"（chocolatey）两个按钮，就能够找到适合你的豆种。

"从消费者角度出发"这个说法似乎更贴近 GV 的初衷，无论是强调冲泡说明，还是口味描述上的用词，清晰阐述产品特征是网上咖啡店的基础，而承担"引路人"的角色，带消费者入门鉴赏却是对 Blue Bottle Coffee 网页的更高要求——毕竟，并非人人都知道法式压滤壶（French press）和 Chemex 手冲壶的区别。所以，冲泡指南也是设计过程中最费心思的部分之一。

以一款名为 Bella Donovan 的混合咖啡豆为例，GV 弱化了传统的关于每款豆子酸涩度描述的比重，用"浓厚"（heavy）、"欣慰"（comforting）和"带浓浓果味的"（deeply fruited）等词汇替代，表达出混合咖啡豆在制作后给人们带来的感官体验，并附上滴漏和法压壶两种冲泡方式的步骤指导。这能让人们相信，在家里也同样能喝到一样的味道。

便利贴是 GV 的设计师们最喜欢的工具。他们习惯在讨论前各自写下所有的问题和对应的设想，贴在一面大大的墙上，接着把彩色的圆点贴纸贴在自己认可的方案边。尽管将一墙的方案缩减到几个会花费好几个

9/10

你喜欢哪种巧克力？
Select only one.

黑巧克力

牛奶巧克力

白巧克力

我不喜欢巧克力

CONTINUE

10/10

你喜欢哪种沙拉酱？
Select only one.

香醋汁

第戎酱

田园酱

凯撒酱

柠檬橄榄油汁

油醋汁

CONTINUE

找到你最喜欢的 Blue Bottle Coffee 口味，扫码进入英文原网页

小时，但其实，将问题和方案分区会使讨论更有效率。GV 设计团队创始人 Braden Kowitz 说："这其实是最有效的办法，如果我和同事分别提出完整的设想，我们一定会为了坚持己见而争执许久，但事实上，我们往往不是在讨论同一个问题。"

同样，设计师们习惯直接在便利贴上画出网页可能呈现的模样，贴在另一面墙上，用几个箭头简单地将它们联系在一起。便利贴上的草图构思仍然遵循了"从消费者角度出发"的原则，设计师们可以模拟用户的心态与体验，而不是用代码想问题，达到的效果也更合乎购买逻辑。

顺便说一句，GV 设计网页用的是 Mac OS X 系统的幻灯片应用软件 Keynote。Keynote 的优势在于，它能在短时间内做出不错的模型效果——只要点点鼠标，就能立刻模拟网页的跳转，还能为团队避免很多不必要的努力。Blue Bottle Coffee 的网页从构思到交付编程，GV 只用了一周的时间。

新网页发布于 2013 年 6 月，根据 GV 的调查，此后网上咖啡店的销量和用户在线时间是原网页的两倍。现在，如果想选一款咖啡，你不需要钻研有关精品咖啡豆的复杂知识，Blue Bottle Coffee 的网页已经为初入咖啡世界的你铺了一条路。◉

哈米什 · 坎贝尔
Pearlfisher 纽约工作室创意总监
曾与尊尼获加、百加得、耐克等品牌合作
◉ 纽约，美国

Blue Bottle Coffee 的即饮新奥尔良冰咖啡看上去像一盒牛奶。设计师说，这让他想起另一个得意之作——无酒精饮料 Seedlip。

◉ 李思嫣

第一眼看到 Blue Bottle Coffee 在 2014 年推出的即饮新奥尔良冰咖啡（New Orleans Iced Coffee）和其他的罐装咖啡一起摆在货架上，几乎所有人都会觉得它放错了位置：四四方方的白盒子，简单的饮品说明，还有那个明亮的蓝瓶子标志。那不是一盒牛奶吗？

这正是 Blue Bottle Coffee 的目的。想要从一个咖啡馆变成生活方式品牌，这是它的第一步：把咖啡带出店铺，摆到超市货架上。所以它需要一套夺人眼球的包装。

Pearlfisher 负责了这一任务。它之前曾为星巴克烘焙系列的咖啡豆、农夫山泉的"东方树叶"、吉百利巧克力设计包装。我们采访了这盒咖啡的设计师哈米什 · 坎贝尔，他解答了这个设计的灵感与思路。

▪TAGS
#为什么把咖啡
做得像盒牛奶

Q：很多人说，这款饮料的包装一点也不像咖啡，反而像牛奶。你为什么这么做呢？

A：这正是我的初衷！这款即饮咖啡中，牛奶是极为重要的基础要素，所以把它设计成牛奶也并不突兀。我们当时做了很多尝试，最终选定这款白色的牛奶盒形象，因为"简单"永远是最好的选择。

再者，牛奶盒本身就是一个能引起人怀旧感的设计，它让我回忆起我童年时期的每一天，我相信这也是很多美国人内在的一种情结。在此之上赋予一些有现代感的细节设计，比如，侧边三角区用"Blue Bottle 蓝"来填充，如此一来，放在货架上就有一丝跳跃的现代感。

并且，市面上大部分的冰咖啡都是装在玻璃瓶里销售的，这样一个纸盒的设计更能吸引眼球，顾客也会有"想尝尝看"并把它收入囊中的欲望。

Q：为什么新奥尔良冰咖啡需要一个新面孔？

A：如果你去过 Blue Bottle Coffee 的店铺，你一定明白 Blue Bottle Coffee 的创始人是一个在设计上事无巨细的人。而新奥尔良冰咖啡作为 Blue Bottle Coffee 第一款在自家店铺之外销售的饮品，意味着它将担当 Blue Bottle Coffee 的无声大使，它需要准确无误地传达品牌理念和定位，并且展示自己"和其他咖啡饮品相比到底哪里与众不同"。

Photo | Pearlfisher

Q：用 3 个词描述这款包装设计？

A: 有现代感、实用、与众不同。

Q：简约好像是近年来的一个设计趋势，人人都在这么做。

A: 没错。因为看似简单的设计都很大胆。它有视觉冲击，但不复杂，而且简约和简单也不同。设计不仅要简单，背后一定要体现出很强的品牌理念。

Q：2014 年，Blue Bottle Coffee 推出新奥尔良冰咖啡的时候也同时经历着转型，它计划从一个简单的咖啡铺子发展成一个范围更广的咖啡品牌。你在设计新奥尔良

冰咖啡的包装时考虑了这一点吗？

A: 没错，Blue Bottle Coffee 不仅推出了新奥尔良冰咖啡这款即饮咖啡，也相应开发了一款很美味的菜品。这两款新产品的配料都和他们店铺的周边环境相符。其实 Blue Bottle Coffee 很多有艺术感的做法都十分有创意。这就是改变。

我们做了很多迎合 Blue Bottle Coffee 发展的尝试，比如：我们重新调整了文字 "Blue Bottle Coffee" 和蓝瓶子图标的组合，饮品说明部分也多了一丝亲切感，整体的设计结构看似复杂，但对产品本身和品牌内涵的阐述恰到好处。这样一来，整体设计不失简约，但仍留下了"蓝瓶子"本身的残缺美。

Q：Pearlfisher 在饮品包装设计界很资深，为很多饮料，特别是咖啡产品设计过外包装。比如预调鸡尾酒 RIO、软饮料公司 Cawston Press，还有很出名的星巴克咖啡豆。不同产品的包装设计有什么统一的方法？

A: 我觉得所有产品的设计过程最终都会回到其核心，也就是"品牌"自己。设计师的任务仅仅是创造无数种可能性，最后找到一种与品牌气质最契合的方式，把品牌最想要展现的一面传达给顾客。

Q：你欣赏怎样的品牌理念，能告诉我 3个最打动你的品牌吗？

A: Seedlip，一个来自英国的无酒精酒味饮料品牌。它的有趣之处在于解决了"不喝酒的时候喝什么"这个难题，以一种更容易为人接受的方式传递健康生活的理念。

Patagonia，一个美国的户外品牌。我喜欢他们总是知道并坚守自己的品牌理念，以及他们在"可持续"这件事上的态度。它就像一个行业的领路人，许多品牌都应该向它学习。

Away，它在我们还没有意识到自己有这些旅行需求的时候，就开始做很多改变旅行方式的尝试。

Q：你在自己的职业生涯里也做过不少品牌规划吧，哪一次经历最让你难忘？

A: Blue Bottle Coffee 是我很骄傲的作品之一。另一个是 Seedlip。很幸运在那个项目中我不仅设计了一个品牌形象，还为一个全新的产品类型树立了标杆。

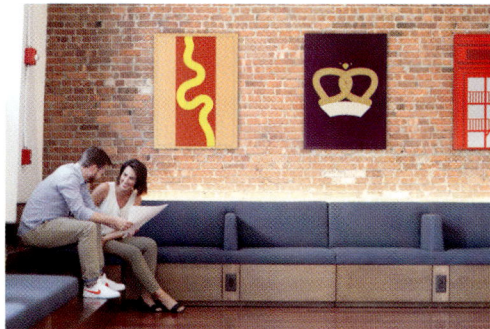

Photo | Pearlfisher

Q：你喜欢咖啡吗，咖啡在你的日常生活中扮演了怎样的角色？

A: 我恐怕算得上是一个咖啡狂人了，每天早上一杯，一天不落! 我也常常走出办公室，去咖啡厅工作，空间的变化带给我新鲜感。并且我很享受为咖啡品牌做设计。现在饮料界的变化更替日新月异，这对设计师而言是机遇。消费者正处在不断发掘好产品的阶段，品牌就需要不断推出在定位和设计上都让消费者感到"意料之外"的产品。

Q：你理想中的咖啡空间是什么样的？

A: 它应该是一个室外的咖啡馆，舒适、低调、不易被人发现，但必须又很有创意，在视觉上有冲击力，给人灵感。

Q：速溶、罐装和滴漏咖啡，你会选哪个？

A: 滴漏咖啡。我喜欢手工冲泡的感觉，也愿意为有品质的咖啡花费时间。我住在纽约，这里有一些廉价咖啡厅无法达到我的要求。幸亏 Pearlfisher 的办公室在纽约的 SOHO 区，那里有不少好咖啡馆。 ⦿

HELLO，蓝瓶子

Blue Bottle Coffee 的店铺集中在美国和日本。在每个城市，我们为你推荐了几家店铺。

● 店名 ● 地址 ● 营业时间

◑ 日本东京

● 中目黑店
● 东京都目黑区中目黑 3-23-16
◗ 周一至周日 8:00—19:00

● 清澄白河店
● 东京都江东区平野 1-4-8
◗ 周一至周日 8:00—19:00

● 青山店
● 东京都港区南青山 3-13-14
◗ 周一至周日 8:00—19:00

东京

◑ 美国西海岸湾区

● Ferry Building 店
● 1 Ferry Building, #7, San Francisco, CA 94111
◗ 周一至周日 6:30—19:30；感恩节、圣诞节和新年假期休业

● Hayes Valley Kiosk 店
● 315 Linden Street, San Francisco, CA 94102
◗ 周一至周五 6:30—18:00；周六 6:30—18:30；周日 7:30—18:30；感恩节、圣诞节和新年假期休业

● Palo Alto 店
● 456 University Avenue, Palo Alto, CA 94301
◗ 周一至周五 7:00—19:00；周六、周日 8:00—19:00；感恩节、圣诞节和新年假期休业

● W.C. Morse 店
● 4270 Broadway, Oakland, CA 94611
◗ 周一至周五 6:30—18:30；周六、周日 6:30—18:00；感恩节、圣诞节和新年假期休业

波士顿

纽约

华盛顿特区

湾区

洛杉矶

迈阿密

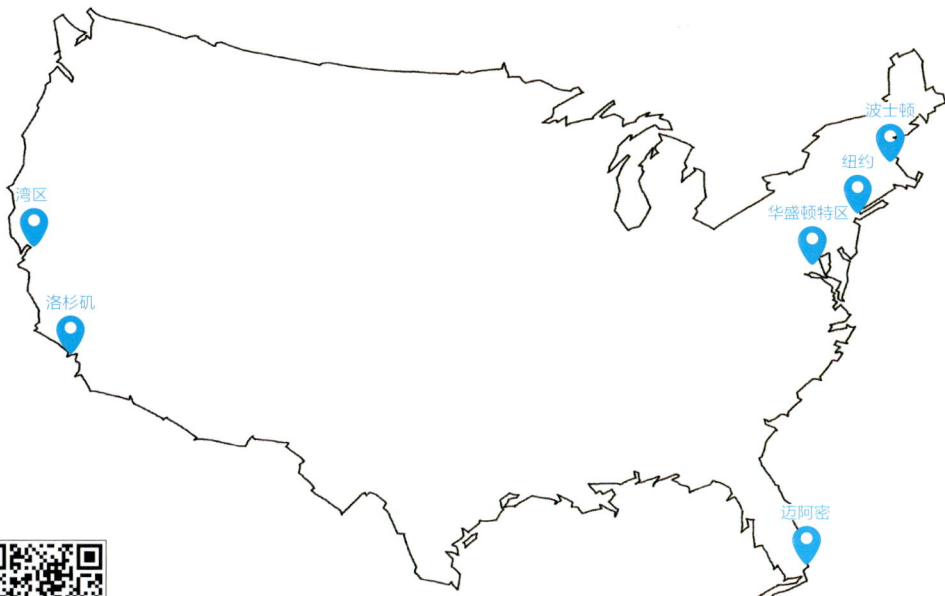

显示完整门店信息

◐ 美国纽约

● Berry Street 店

●160 Berry Street,
Brooklyn, NY 11249

●周一至周五 6:30—19:00；周六、
周日 7:00—19:30；感恩节、圣诞
节和新年假期休业

● Chelsea 店

●450 W. 15th Street, New York,
NY 10014

●周一至周五 7:00—19:00；周六、
周日 8:00—19:00；感恩节、圣诞
节和新年假期休业

◐ 美国洛杉矶

● Arts District 店

●582 Mateo Street,
Los Angeles, CA 90013

●周一至周日 7:00—18:00；感恩
节、圣诞节和新年假期休业

● Hayden Tract 店

●8830 Washington Boulevard,
Suite #103, Culver City, CA
90232

●周一至周五 6:30—18:00；周六、
周日 7:00—19:00；感恩节、圣诞
节和新年假期休业

◐ 美国华盛顿特区

● Georgetown 店

●1046 Potomac Street NW,
Washington, DC 20007

●周一至周日 7:00—19:00

◐ 美国迈阿密

● Design District 店

●3818 NE 1st Ave,
Miami, FL 33137

●周一至周日 7:00—19:00；感恩
节、圣诞节和新年假期休业 ◍

Photo | Fabian Ong

⦂TAGS

#星巴克

#被挑战者

◉ 周思蓓

在第二次咖啡浪潮里，星巴克以"售卖咖啡体验"这一关键词颠覆了此前被速溶咖啡们占领的咖啡市场，你立刻可以感受到，市场上出现了各种"星巴克"。如今，新的颠覆者来了。

就在没多久之前，星巴克还是个"颠覆者"。它设置了咖啡标准化流程，把咖啡店开到全球，还把咖啡作为一种生活方式，售卖给了原本不喝它的人群。

想一想你会在星巴克做什么？和朋友聊个天，或者带电脑去做个方案，甚至和同事逃出办公室，去那里讨论一个新计划。在它最受爱戴的年代，甚至有人昵称它为"星爸爸"或者"小星星"，就像称呼从小陪伴他们长大的玩偶一样。

星巴克懂得人们的需求，它正是以"便捷""标准化""空间"这类概念俘获了最早的拥趸们。星巴克门店会提供充足的电源插座和免费的无线网，总而言之，它把自己变成了一个会议厅、办公室，以及在任何地方都能找到的歇脚处。

在星巴克，比起社交，咖啡不是最重要的事。除了按季节推出的限量饮料或者偶尔推出的新品，常去星巴克的人在点单上几乎不用犹豫太久，它的连锁经营模式不会为人们带来太大惊喜，口味出错的概率也极低。

如今，星巴克也开始被工艺咖啡店们挑战，Blue Bottle Coffee 就是其中最有话题性的一个。

Blue Bottle Coffee 不希望你把咖啡当作附属品。在它的美国店铺也许还好一些，如果是在东京的 Blue Bottle Coffee，想像在星巴克一样打开电脑工作一个下午，那你可能会产生些许负罪感。看看排队等待座位的其他客人吧，Blue Bottle Coffee 的环境设计更像是为了让你体验一杯咖啡而设。

不是那么了解咖啡的人可能会在面对它复杂的菜单时略显焦虑踌躇，然后遵从星巴克的体验，点一杯熟悉的拿铁或是卡布奇诺。他们也许会尝出些许差别，也许不会。但人们终究是来了。Blue Bottle Coffee 将会有足够的时间说服他们。 ◉

HELLO, 蓝瓶子

^oTAGS
#苹果
#启蒙者

◉ 周思蓓

Blue Bottle Coffee 被称为"咖啡界的苹果"。苹果零售店的设计确实启发了它。费里曼和乔布斯一样，把自己当作品牌的首席设计师。

如果问詹姆斯·费里曼"Blue Bottle Coffee 的店面设计有什么特点"，这位 Blue Bottle Coffee 的创始人会不断冒出一个词，"苹果"，然后告诉你他有多喜欢苹果店的桌子。

费里曼和乔布斯一样，把自己当作品牌的首席设计师，他会亲自确定店铺的每个细节。他们都把零售店当作品牌体验的重要一环。

苹果零售店内只摆放几个设计简洁的桌子，苹果出产的各种产品都放在桌子上。电子产品的零售店里常见的电线、插座、路由器，都被藏了起来。这么做的目的是删除一切会分散消费者对产品注意力的因素。不同地区的苹果零售店虽然形态各异，但这一点是共通的。

Blue Bottle Coffee 也尽了最大努力来让顾客把注意力放在"咖啡"上。在有的店铺，工作台被放在了店铺中央，这让咖啡的制作流程一目了然。而无关的部件同样被隐藏起来。

Blue Bottle Coffee 的工作人员也有些像苹果店的 genius，他们不推销新品，而是用一个 iPad 告诉顾客如何选择自己喜欢的咖啡。

还有那个无处不在的被咬了一口的苹果，这能让人对品牌形成联想，Blue Bottle Coffee 也尽量让自己的蓝瓶子变得醒目。连洗手间的标志，都是一个变形的瓶子图案。

不过，相比苹果店，Blue Bottle Coffee 每家店的设计差别更大。它们有的在购物中心，有的在小巷，有的在旧仓库。店铺的设计与周围社区是否协调成了要紧事。

位于东京清澄白河的 Blue Bottle Coffee 日本总部开业之前，工作人员花了很长时间骑着自行车去附近的街区转悠，才确定了店铺的呈现方式。

这也是 Blue Bottle Coffee 与苹果店不一样的地方，毕竟它不是星巴克。 ◐

Photo | BEAMS

:TAGS

#BEAMS

#品牌联名

◉ 周思蓓

最容易提出的问题莫过于：为什么要让自己的 logo 出现在与自己无关的产品上呢？BEAMS 的答案是：除了开拓客群，它还能带来新点子。

谈到联名商品，人们会很容易想起 BEAMS 这个日本品牌。

它最早是个买手店，商品集中在服饰杂货领域。但它的联名对象早已超越服饰行业。麦当劳、可口可乐、手表、化妆品、笔记本电脑，甚至洗碗的海绵，它的橙色 logo 似乎能搭上一切与自己的理念和文化有关的商品。

它会与合作方推出两家都没有的产品。2017 年 9 月，BEAMS 与糖果厂商"不二家"合作，推出了帽子、衣服等周边产品。

联名商品正成为公司们喜欢采用的新策略。拥有不同顾客群、商品群的公司，能为双方开拓新的潜在客群。正因如此，超越既有行业的联名反而备受瞩目。

BEAMS 社长设乐洋曾经这么解释过公司关注联名商品的原因：买手店寻找"从未见过"的产品变得困难，联名则带来了新机会。

Blue Bottle Coffee 也是这个聪明的商业策略的实践者。除了咖啡，Blue Bottle Coffee 还卖过帆布袋、公务包、笔记本、陶制滤杯。当然，它不会自己生产这些产品，而是与其他品牌合作。

这些品牌的用户，也将是 Blue Bottle Coffee 的潜在消费者。⑤

香奈儿可可小姐唇露

TAGS

#香奈儿

#快闪店

周思蓓

为什么带着咖啡名号，实际与咖啡没有一点关系的彩妆快闪店 Chanel Coco Café 会毫无意外地成为爆款？它实在是一场有太多目的的试验。

若不是发布了什么限量彩妆，香奈儿彩妆柜台倒不至于让人大排长龙。但是它的快闪店铺 Chanel Coco Café 做到了。它在亚洲的几个快闪店都获得了极大关注。

快闪店（Pop-Up Store）意指不定期短期巡回店铺。自 2004 年服装设计师川久保玲依靠这一形式为品牌带来了惊人的销量之后，它便开始被更多的品牌采用。在推出新产品时，快闪店能够迅速切中重点，提升顾客认知度，也是捕获更多关注的好机会。

快闪店也会比常规店更加吸引媒体注意。通常，媒体对新开店铺的关注标准集中在"店铺主题"与"谁开了店铺"这两个角度，但是一个带话题属性的快闪店，会让关注焦点增加到 4 个：品牌有知名度、店铺设计更加新颖、有很多人排队、有明确而吸引人的活动主题。

这就不难解释，为什么带着咖啡名号，实际与咖啡没有一点关系的彩妆快闪店 Chanel Coco Café 会成为爆款。这家店主打香奈儿推出的新款唇釉系列，店内可以全套试用。

光凭这一点，香奈儿在东京开快闪店时就吸引了时尚博主们在第一时间跑去尝试，这些人又引发新的传播热潮，到后面几天，即便产品尚未在中国上市，店内也挤满了不少中国网红。品牌本身的高关注度，让姑娘们宁愿排队，为的仅仅是和香奈儿的闪亮 logo 合个影。

快闪店也是 Blue Bottle Coffee 喜欢的推广方式。2017 年夏天，它在东京神田开了一家快闪店。这家店主打限定饮品，地点选在拥有百年历史的神田万世桥下，为期一个月。短短两年时间，Blue Bottle Coffee 已经在日本开过 4 次快闪店。

BLUE BOTTLE COFFEE

FOOD &
QUEEN'S ISETAN

atré

← ☕🍴🛍 アトレ品川
atre Shinagawa

港南口（東口）
Kōnan Exit (East Exit)

← atré アトレ品川
atre Shinagawa

港南口（東口）
Kōnan Exit (East Exit)

ME ISETAN

COSMETICS   FOOD COURT

JR 品川イーストビル →
JR Shinagawa East Building

atré →

Photo | 林舒凡

张唐

一介咖啡·画廊 创始人 / 1990年出生
📍 东京·成都

> 在中国，大众没有完全形成咖啡消费的习惯，也没有形成定期去欣赏艺术展览的习惯，尤其是在社区中。社区中的咖啡店可以把这两种空间的使用人群在一定程度上混合起来，帮陌生人形成这样的意识，对我来说是很有意思的一件事。

⚲ TAGS
#消费者

🔘 罗啸天

东京大学建筑学硕士毕业后，张唐已在日本生活了8年。从罐装咖啡开始接触这个品类，咖啡逐渐成为她生活中的必需品。她挺喜欢去那些独立咖啡馆，它们多半都会提供手冲咖啡，因为手冲咖啡味道不稳定，也让喝咖啡这件事产生了不少想象空间。她在成都开了一间社区型咖啡店，将其定位为"引导人们走入社区空间的角色"。至于 Blue Bottle Coffee，这间介于独立咖啡馆和连锁店之间的存在，由于员工经过统一培训，反而让她觉得每个人的个性不是很突出。她还推荐了心目中东京的 3 间咖啡好店。

Q：在你看来，咖啡应该是怎样一种东西？

A：我觉得咖啡是生活必需品吧。其实对于东方国家来说，中国甚至日本的一部分人，是把咖啡当成众多饮料之中的一个选择。对我来说，它更像是赖以生存的一样东西，一种瘾。

Q：咖啡是怎么成为你的生活必需品的？

A：我印象最深刻的是高中毕业来日本后，看到便利店里卖的罐装咖啡。其实这也应该是刚来日本时接触到咖啡最直接的方式。我大学开始学习建筑，经常需要熬夜，所以要画图的时候就会想买咖啡喝，慢慢地就成了一种消费习惯。

最开始基本是喝拿铁，后来慢慢开始喝黑咖啡。最开始的契机是缘于我的一个日本老师的玩笑话，"喝黑咖啡的人是成年人"。不过确实，喝了一段时间的黑咖啡之后，也不会再想喝加奶加糖的咖啡了。

Q: 你是从什么时候开始，对味道有所要求，变为要去咖啡馆喝咖啡的？

A: 上了大学两三年之后吧，来了日本一段时间之后，渐渐在日本的咖啡文化中耳濡目染，去咖啡馆成了一件非常自然的事情。无论你是真的想去喝咖啡，或者只是需要找个地方休息、聊天，都有很多种选择，和式的、美式的、家庭式的、有设计感的……去探访各种咖啡馆空间这件事，本身也成了一种体验生活方式的过程。

Q: 那是怎么渐渐开始关注咖啡口味的差异呢？

A: 去的咖啡馆多了以后，其实自然就注意到咖啡的不同做法和不同产地咖啡豆的区别，也会渐渐形成个人偏好。如果可以选择的话，我会选择味道偏酸而不是偏苦的豆子。当然，咖啡豆的味觉评价其实是一件非常复杂的事情，影响咖啡豆的因素有很多，影响咖啡豆烘焙的因素也有很多，而且很多时候都是很难控制的。所以我并不会非常严格地去挑选一定符合自己口味的咖啡，喜欢随缘。

Q: 在东京这么大的城市，你是怎么找到自己喜欢喝的咖啡呢？

A: 其实知道了不同的咖啡豆、咖啡机、咖啡师等都会影响你喝到口的味道之后，我觉得我反而对选咖啡馆这件事就没有必要太严肃了，当然在东京这座城市，平均水准一定会有所保障。但其实没有一个咖啡馆会因为味道非常好促使我一去再去，我也不会因为喝的是连锁咖啡店就觉得索然无味。

挑选咖啡店的标准其实很简单，因为我的专业跟空间设计有关，所以只要这个空间能让我觉得新鲜有趣，我就愿意走进去探索一番，如果让我觉得舒服我就会多坐一会儿。另外，咖啡店老板的衣着和气质也会让人一眼就看出来他是不是一个专业人士，如果我对这个人感兴趣，就会希望观察更多，也会想尝试他做的手冲咖啡。

Q: 你对独立咖啡馆和连锁咖啡馆的味道并没有很强烈的偏好？

A: 如果能选，我还是会选择去独立咖啡馆啦。其实最主要的因素就是独立咖啡馆多半都会提供手冲咖啡，而手冲咖啡的味道是最不稳定的，这让喝咖啡这件事产生了不少想象的空间，多了很多乐趣。对于我个人来说，连锁咖啡店很多都是采用有稳定味道的豆子和固定参数的机器，让人难以产生期待感，自然而然也就让喝咖啡这件事变得稍稍有些无趣。

Q: 你怎么看 Blue Bottle Coffee？他们也提供手冲咖啡。

A: 是啊，经常看到一排的顾客排队等手冲咖啡，还挺壮观的。对我这种爱好手冲咖啡的人来说当然会觉得很好啊，因为在没有很多独立咖啡馆的时候还可以选择 Blue Bottle Coffee。它就像是介于独立咖啡馆和连锁店之间的存在，虽然他们的员工都经过统一的培训，可能每个人的个性不会那么突出，然而手冲咖啡本身带来的多样化也是不能忽视的一个优点。

Q: 你在开自己的咖啡店时有没有一个致敬的对象？

A: 没有一个明确的对象。我最开始想做的其实不是一个咖啡店，而是想定位成一个社区的空间。这个空间在功能上有展览，也有咖啡，目的是为这个社区，甚至为更大范围的受众提供一个传递情绪和信息的平台。所以我们的店铺并没有设在沿街的商业区，而是在几个小区围合的一个公园旁边。咖啡在这里扮演的更多的是一个引导的角色，帮助人们走进这个空间。

我觉得这样的定位更适合国内的社会现状。大众没有完全形成咖啡消费的习惯，也没有形成定期去欣赏艺术展览的习惯，尤其是在社区中。在一定程度上，这样一个空间可以把这两种空间的使用人群混合起来，帮助这些陌生的人们形成这样的意识，对我来说是很有意思的一件事。

在东京也有很多这样不同类型的混合型咖啡馆，有结合租赁空间的，有结合书店的，有结合自行车店的，有结合展览的，等等。

Q: 现在的你，拥有咖啡店顾客与咖啡馆老板的双重身份，这有没有让你对咖啡的态度发生什么改变？

A: 一方面，我变得更加专业了。我专门学习理论知识，练习咖啡机的操作、练习手冲，与各种烘焙工作室交流。我对味道的思考维度也拓宽了不少，毕竟做咖啡和喝咖啡的人思考的方式是完全不一样的，每一个步骤出了差错，都有可能让最后的味道发生变化，制作咖啡的过程也成了另外一种了解自己偏好的过程。如果是开咖啡店，服务的对象不再是自己，而是他人，所以对自己出品的东西是需要负责任的，不能糊弄别人。

另一方面，听起来好像是悖论——我也变得随性了，因

● 最早怎么知道 Blue Bottle Coffee 的？
最开始是在杂志上。有很多优秀的生活方式或者店铺介绍的杂志嘛，然后就看到杂志上说它是"咖啡界的苹果"。

● 你为什么去 Blue Bottle Coffee？
人生这么无聊，不找点乐子怎么活下去（笑）。正好听说东京的清澄白河有一家 Blue Bottle Coffee，当时既没有中目黑店也没有新宿店，只有这么一家店，有一次看展正好路过就去了。门口真是人山人海。一家并不在闹市的咖啡店，需要雇保安维持排队的队伍，也是让人感觉很有气势了。

● 在 Blue Bottle Coffee，最常点什么？
冰咖啡和手冲。首先，冰的饮品喝着很刺激，其次冰的咖啡酸味更明显。再加上 Blue Bottle Coffee 的味道——不用说，喝了以后留在口腔里的后味也是很舒服的。手冲的话就是追求不可预见性。

● 和咖啡有关的哪个瞬间打动过你？
一个是有一次和爸妈出去旅行，早上在酒店里，我发现我爸把挂耳咖啡当成了速溶咖啡。心里有点小触动，以前带我第一次见到咖啡的是我爸，现在居然是我来教他们。觉得以后一定要有更多机会一起旅行。很开心有爱喝咖啡的爸妈，一起喝咖啡的时间真的超级幸福。

还有一个是，在一次设计课程 deadline 的前一晚，这种情况肯定每个人都要通宵了。我们都是在座位上草草吃了便当，继续崩溃画图，但是我看到我一位好朋友居然还是在饭后抽出时间接了一杯热咖啡，看了一会儿原文小说。

● 你怎么评价 Blue Bottle Coffee？
在大多数人对咖啡的理解是星巴克的时候，出现一家 Blue Bottle Coffee，对推动咖啡文化的发展应该是挺好的。独立咖啡店对店主的素养要求太高，不容易大范围普及。但是一家实力雄厚、专业的连锁咖啡店，能让更多大众有机会接触到专业知识和有质量的产品与服务。并且，Blue Bottle Coffee 的 VI 设计和室内设计都非常好。在推广咖啡的同时，也推广了好的设计。Blue Bottle Coffee 的 logo 真的很可爱，每次的一次性杯子都舍不得扔掉。那个白色透明的盖子真的很想偷走（笑）。

为就像之前说的，如果意识到了没有绝对稳定的味道，生活中自己喝咖啡的时候，制作咖啡和喝咖啡就变得不再那么严肃，反而增加了很多乐趣。

Q: 推荐几个东京你觉得好的咖啡馆吧。
A: 这几个确实是我很喜欢的地方。但是要声明的是，这其实不是一个排行榜，只是刚好能满足我的喜好。因为我还是觉得咖啡是一个很生活化的东西，不需要被特别严肃地对待。每个人都有自己喜欢的地方。

① Bundan Coffee & Beer
📍 东京都目黑区 日本近代文学馆内

这家咖啡馆藏在日本近代文学馆的内部，营业时间非常短。但是给我印象很深的是它的菜单，无论咖啡还是其他饮料，都有一个在日本近代文学作品中出现过的典故搭配命名，甚至还会根据文章中描述的咖啡做法来重现当时的味道。当然咖啡豆和制作手艺就更不用说了。咖啡馆整体的空间也让人很放松，像是身处一个图书馆，随时可以在书架上抽一本书来看，很有复古风情。

② Fuglen
📍 东京涩谷区神南 1-2-5
推荐 Fuglen 是因为它真的很好喝！这家咖啡非常有名，每次去都能碰到非常多慕名而来的客人。最开始的时候我真的担心是不是宣传做得很夸张。尝试了以后我不得不说这真是偏见，是真的好喝。

③ Bondi Coffee Sandwiches
📍 东京涩谷区富之谷 222-8

这家咖啡馆风格上给人一种西海岸的感觉，店内很多冲浪的元素，可能是店主的兴趣爱好。最喜欢它临街的大大的开放座位，给人的感觉非常自由轻松。这家店不仅拥有这么棒的空间，咖啡味道也是真本事。还有一个原因是，它是离我家最近的一个咖啡馆，因为咖啡对我来说必不可少，所以"近"这个因素很重要。◢

Photo | Kathy Yue

张晓雯

爱彼迎用户体验设计师 / 1987年出生

📍 旧金山，美国

从密歇根州立大学到旧金山的科技公司，张晓雯顺理成章地成为旧金山新一代年轻人中的一员，接触的咖啡品牌自然也与旧金山的手工艺咖啡和本地的咖啡馆相关。张晓雯在密歇根州立大学学习人机交互，此前在雅虎、LinkedIn 工作，参与设计了针对学生和写作者的 LinkedIn 发表平台。离职后，她 Gap 半年环游世界。回来后加入了爱彼迎（Airbnb），在总部担任体验设计师。"感觉就是把我的热情和职业放在一起了。"如今，她会自己在公司里做咖啡喝，也会跟着爱彼迎的旅行体验产品去了解旧金山本地的咖啡馆。她热爱旅行，甚至会去世界各地寻找当地有故事的咖啡馆。

Q：咖啡在你的生活中扮演什么角色？

A：我有时候会开玩笑说，我身体里的血液系统可能有太多咖啡了。咖啡是我生活中非常重要的一部分。在旧金山市里我经常会去不同的咖啡馆，坐下来，点一杯咖

👤 TAGS

#消费者

🔍 李蓉慧

我去过一次 Four Barrel Coffee 的活动，就像品酒一样，他们会教你怎么品尝咖啡，怎么形容口味，什么是好，什么是坏，他们也会讲他们怎么挑选咖啡豆，如何与农场合作，如何帮助咖啡农。他们不只是做生意，那些故事很感人。比如他们讲到南非的一个咖啡农，他风干咖啡豆的方式并没有达到 Four Barrel Coffee 的要求，但 Four Barrel Coffee 没有另寻他人，反而帮助这个咖啡农买了新的设备。我很期待听到 Blue Bottle Coffee 的类似故事。

啡，有时候再加一片吐司，带一本书，或者做点平时没时间做的事情。我可以坐下来，品尝每一口咖啡的香气与质地。

旅行的时候我也很喜欢去找世界各地不同的咖啡馆。比如产量很少，只在高海拔地区生长的科纳咖啡。当我去迈阿密的时候也一定会去喝古巴咖啡，去南非的开普敦时，我去的一个咖啡馆叫作 Truth Coffee，我超爱他们的冰咖啡。

咖啡这个味道也是我很喜欢的口味，比如咖啡味的冰激凌。我家里的蜡烛是浓缩咖啡的味道。旧金山有个地方叫作 Blackbird，他们的冷萃混了波旁。另外，加了咖啡的啤酒也很好喝，我去过一次 Philz Coffee 的活动，他们有一种特制的啤酒，酿造的时候里面有 Philz 的咖啡。

Q：每天喝咖啡的习惯是从什么时候开始的？

A：从来美国读研究生开始，在国内的时候很少喝。在密歇根读书时，学习小组开会都是在咖啡馆里。一开始喝的都是拿铁，后来学校办活动都是提供黑咖啡，喝多了就习惯了。

Q：你在家里或公司里做咖啡多还是去咖啡馆里喝咖啡多？

A：在公司比较多，一直想买个好的咖啡机。以前在 LinkedIn 的时候，公司里有咖啡师，别人给你做好了。来 Airbnb 之后没有咖啡师，我觉得这个方式也很好，

让你自己动手去做。

Q：从什么时候开始能喝出口味的差异，你觉得具体的差异是什么？

A：来（美国）湾区以后开始能喝出差异。喝冷萃是个转折点。第一次去 Blue Bottle Coffee 喝冷萃的时候，我要加奶，咖啡师跟我说不要加，你就纯喝，然后发现原来黑咖啡这么好喝。

Q：作为一个设计师，周围的同事、朋友中有什么人喝咖啡的习惯比较影响你？

A：身边很多欧洲人，他们都喝意式浓缩，搞得我也很想尝试，但是我不喜欢那种似乎是在喝小杯的烈酒的感觉，但是欧洲人都那么喝。我也被他们启发了吧，会想要尝试不同咖啡的味道。

Q：最近一两年里你都去过哪些地方旅游，每个地方印象最深的是什么？

A：最近一两年去过冰岛、摩洛哥、土耳其、南非、巴拿马群岛、墨西哥。印象最深的是在撒哈拉沙漠露营，在一个摩洛哥本地家庭中搭营地。那个家里的长辈给我们做了一顿晚饭，是我那趟旅行吃到的最好吃的食物。他们还带我们去捡柴火。

Q：你旅游时会买咖啡豆吗？印象最深的是在哪儿买的咖啡豆？

A：在夏威夷大岛（Big Island）买了科纳咖啡，我买那个咖啡豆，是因为我去了他们的农场，学了怎么采摘咖啡，看他们怎么风干。当你知道这个咖啡豆是怎么来的，

认识了那些种咖啡豆的人，就会有更强的关联吧。

Q：和咖啡有关的，打动你的瞬间是什么？

A：和朋友在一起的时候，研究怎么做咖啡、怎么打奶泡，那种大家紧密联系的感觉很好。或者就是很简单的，比如你想跟别人见个面时，会去咖啡馆里见面聊天。

Q：你第一次听说 Blue Bottle Coffee 是什么时候？

A：以前公司的同事说的。我记得是他们说在旧金山新开了一家会很流行的咖啡馆，我的第一反应就是，它叫什么，我要去试试。

Q：多频繁去一次 Blue Bottle Coffee 的店？

A：最近变少了，以前会比较多。

Q：为什么喜欢 Blue Bottle Coffee？

A：一开始是因为好奇心。后来它变成了我想喝咖啡时常去的地方。我喜欢这个咖啡馆的风格、品牌，让你感觉很简单和清新。咖啡也很好喝，咖啡师都技艺了得。

Q：你最常点的是什么？

A：拿铁，夏天我会喝他们的冷萃。

Q：你最喜欢 Blue Bottle Coffee 什么？

A：我觉得他们的咖啡豆质量很好。最喜欢的还是他们的品牌。我觉得这个品牌做得很成功，而且吸引了人们的注意力。

Q：你希望 Blue Bottle Coffee 改进什么吗？

A：我不会说是改进，他们已经做得很好了。但就像前面说的，既然 Blue Bottle Coffee 的品牌吸引了人们的注意力，我觉得它应该利用这一点来讲更多关于咖啡的故事、制作的流程，向世界上更多有兴趣的人分享咖啡的知识。不只是售卖咖啡，也是售卖一种文化。

Q：除了 Blue Bottle Coffee，你还有哪些喜欢的品牌，为什么？

A：我喜欢旧金山的一个咖啡馆，它叫作 Four Barrel，在旧金山只有一家店。不过旧金山很多其他的咖啡店在用 Four Barrel Coffee 的咖啡豆。

我喜欢是因为它很本地化，不是连锁品牌。我去过一次 Four Barrel Coffee 的活动，就像品酒一样，他们会教你怎么品尝咖啡，怎么形容口味，什么是好，什么是坏。他们也会讲他们怎么挑选咖啡豆，如何与农场合作，如何帮助咖啡农。他们不只是做生意，这些故事很感人。比如他们讲到南非的一个咖啡农，他们风干咖啡豆的方式并没有达到 Four Barrel Coffee 的要求，但 Four Barrel Coffee 没有另寻他人，反而帮助这个咖啡农买了新的设备。我很期待听到 Blue Bottle Coffee 的类似故事。🌀

张晓雯推荐的咖啡馆

● Four Barrel Coffee
地址：375 Valencia Street, San Francisco
营业时间：7:00 — 20:00

● Sight Glass Coffee
地址：3014 20th St, San Francisco
营业时间：7:00 — 19:00

● Philz Coffee
地址：3101 24th St, San Francisco
营业时间：周一至周五 6:00 — 20:00；周末 6:30 — 20:00

Photo | Kathy Yue

杨晓超

优步工程师／1985年出生

◉ 旧金山，美国

◉ 李蓉慧

▮TAGS
#消费者

杨晓超在旧金山的优步（Uber）总部担任工程师。他有 geek 的一面，回答问题超简短。他的中期目标是拥有一个彻底自动化的家，最近的计划则是再买个 Alexa，让家里的一切都由语音控制。"拥有 Alexa 和扫地机器人"被他写进了爱彼迎的房屋描述里。

相比软件工程师，他更像个收藏家，家里有韦斯·安德森（Wes Anderson）的电影画册、老式黑胶唱机，还有从跳蚤市场淘来的老式打字机。出差或旅游时，杨晓超会买一两样当地的小工艺品拿回家收藏，比如他在巴西买的小人偶、太太旅游时买的面具。他还有一类收藏品——Blue Bottle Coffee 咖啡豆的纸袋。他能从柜子里拿出一沓，"咖啡豆喝完了，但是把袋子都收藏起来了"。

杨晓超喜欢为爱彼迎的客人泡咖啡。大约两年前他买了咖啡机并迅速养成了每天喝咖啡的习惯。Blue Bottle Coffee 是他主要的咖啡豆来源。

Q：你平时喜欢做什么？

A：摄影，或者说视觉艺术。朋友圈里可以看到我之前去阿拉斯加拍的极光，还有用延时摄影拍的瀑布。

Q：你家里有一些关于电影的书，是很喜欢看电影吗？

A：是。从高中开始就看了好多的电影，各个年代的，大片、小众电影都有。

Q：喜欢什么电影？

A：我喜欢韦斯·安德森的电影。他的风格很特别，可以说古灵精怪。他所有的电影我都看过，最近的是《布达佩斯大饭店》。他在每部电影里基本都使用同样的演员。我还很喜欢一部叫《曾经》的电影，根据豆瓣记录，已经是 10 年前看的了，讲两个乐手的爱情故事，后来同一个导演拍的《重新出发》和《唱街》都是我的大爱。《日出之前日落之前》我也很喜欢，很喜欢这个导演，《少年时代》是后来他拍的另一个很好的电影。

Q：每天喝咖啡的习惯从什么时候开始？

A：两年前有一个 moka cup，经常喝，但不是每天，后来买了现在的咖啡机，就每天都喝了。

Q：从什么时候开始能喝出口味的差异，觉得有什么差异？

A：自打我自己开始做咖啡喝就能喝出差别了，星巴克和 Peets 咖啡店里的咖啡没有香味，如果把豆子买回来自己做的话就会很好喝。Espresso 很讲究上面的那层奶泡（crema）。咖啡店里的员工可能随手就把奶泡冲没了，味道会差很多。

Q：家里的这个咖啡机是什么时候买的？

A：2015 年圣诞节打折的时候。我想买它很久了，一直想要一个磨咖啡豆和做咖啡一体的咖啡机。

Q：自从有咖啡机，你多频繁做一次咖啡？

A：一周至少 5 次。也会给太太做咖啡。她自己试过，不过冲奶泡有个角度，冲的时候有技巧，她拿捏不住，所以就总是我来做。

Q：你在家里做咖啡多还是去咖啡馆里喝咖啡多？

A：大部分时候在家喝，早上，主要是很方便。我有个旧金山咖啡馆藏宝图，打算有机会都尝一遍。

Q：这个藏宝图是什么？

A：在微信上有篇文章，列举了旧金山一些值得去的咖啡馆。包括 Sightglass、Four Barrel 等。Blue Bottle 也在其中。

Q：第一次听说 Blue Bottle Coffee 是在什么时候？

A：太太的公司和 Blue Bottle Coffee 有

杨晓超的"旧金山咖啡馆藏宝图"

● Four Barrel Coffee
地址：375 Valencia Street, San
Francisco
营业时间：7:00 — 20:00

● Sight Glass Coffee
地址：3014 20th St, San Francisco
营业时间：7:00 — 19:00

● Ritual Coffee Roasters
地址：1026 Valencia Street, San
Francisco
营业时间：6:00 — 20:00

● Linea Cafe
地址：3417 18th St, San Francisco
营业时间：7:00 — 18:00

● The Temporarium
停止营业

● Stable Cafe
地址：2128 Folsom St, San Francisco
营业时间：周一至周五 7:30 — 16:00；周
末 9:00 — 16:00

● Haus Coffee
地址：3086 24th St, San Francisco
营业时间：周一至周五 7:00 — 21:00；周
末 9:00 — 21:00

● Blue Bottle at Heath
停止营业

● Coffee Mission
地址：3325 24th St, San Francisco
营业时间：周一至周五 6:00 — 22:00；周
六 7:00 — 20:00；周日 8:00 — 20:00

● Stanza Coffee
地址：3126 16th St, San Francisco
营业时间：周一至周五 7:00 — 18:00；周
末 8:00 — 19:00

个合作，然后听说了这个品牌。

Q：第一次去店里点了什么？
A：一杯拿铁，就记得很香。后来我发现他
们有在线订购服务，就成了用户。

**Q：多频繁去一次 Blue Bottle Coffee
的店？点最多的是哪一款咖啡，为什么？**
A：偶尔，有时候路过会去。我都喝拿铁，
Bella Donovan 应该是他们的默认咖啡豆，
最初觉得好香的咖啡味道就是因为这款。
大部分时间还是买豆子在家自己做。

**Q：从什么时候开始订购 Blue Bottle
Coffee？**
A：2017 年 4 月开始订的，因为老是需要
去买咖啡豆也挺麻烦的。12 盎司（约 340
克）的可以喝两周左右，咖啡豆放久了香气
都会散掉，所以也得趁新鲜。订阅的好处
就是几乎是当天烘焙的豆子，很新鲜。

Q：你喜欢 Blue Bottle Coffee 的什么？
A：我觉得他们的品牌设计很好，很简洁。
我第一次闻到 Bella Donovan 咖啡豆的香
气，很自然地就和那个小蓝瓶的 logo 挂钩，
形成条件反射了。

Q：希望它哪些地方做些改进？
A：再多开些店，好像下午排队有点长。
可以买到咖啡豆的地方也不是很多，只
在 Blue Bottle Coffee 店 内 还 有 Whole
Foods Market 里有卖。不是很方便，所
以我也经常买其他牌子的豆子。

Q：有过和咖啡有关、打动你的瞬间吗？
A：朋友喜欢喝我的咖啡。拉个花什么的也
很开心、很享受。周六周日早上喝一杯，特
放松，打开窗户太阳照进来的感觉很好。 ●

Photo | Kathy Yue

与正打算"全球化"的 Blue Bottle Coffee 不同，Philz 代表着另一种风格的"第三次浪潮"，它也许正诠释着如今的旧金山。

◉ 李蓉慧

:TAGS
#竞争者

全球最大的社交网络公司脸书（Facebook）打算搬进位于美国硅谷的曼隆公园（Menlo Park）园区时，创始人马克·扎克伯格给旧金山的一家咖啡馆打电话，说他很喜欢这家咖啡店，询问他们能否在园区里开一家分店。

多年后，又有一个叫作瑞安·胡佛（Ryan Hoover）的年轻人，他做了一个名为 Product Hunt 的产品信息网站，成了硅谷产品信息的发布平台。胡佛在出名之后总是对媒体说，他经常去自己最喜欢的一家咖啡馆，坐在那里，他写出了 Product Hunt 的代码。

这家咖啡馆叫 Philz。

它暂时还不像 Blue Bottle Coffee 那样有知名度，也

Photo | Kathy Yue

完全没有涉足纽约或东京，那里的人们可能都没有听说过它。但是如果你来到旧金山，这个城市里的不少人会推荐你去尝尝他们招牌的薄荷莫吉托（Mint Mojito）；如果你在分类信息网站 craigslist 上查看房产信息，会发现，待租房屋附近要是有一间 Philz 咖啡馆，会被当作卖点突出强调。

Philz 这个词来自它的创始人、巴勒斯坦移民菲尔·贾伯（Phil Jaber）。他的第一家店在教会（Mission）区第 24 街的一个十字路口上。你走进去就会觉得自己被"旧金山"或"嬉皮士文化"拥抱了。它所在的是各族裔人群聚集的教会区，多元化风格和本地化的感觉就是这家店的主格调。墙上的涂鸦和社区活动信息也透露着它本地咖啡馆的身份。沙发看上去也很有年头了，年轻人会把身体拱在磨损了的沙发里，用电脑做着些什么——沙发的大小正好能让一个身材适中的美国人缩在里面。菲尔·贾伯曾经说，他希望 Philz 的门店里有沙发，你坐上去，就像小时候在外婆家的客厅。

咖啡师也很有看头。无论你去哪一家 Philz 的咖啡馆，会发现咖啡师没有固定的制服，而且非常"旧金山"——他们往往发型特别，也许有文身或者鼻环，衣着打扮也不会和金融区里一本正经的年轻人有任何相似之处，甚至会让你觉得也许他们刚从火人节回来。

哦对了，你在 Philz 里是买不到拿铁或意式浓缩的。Philz 的咖啡只按照咖啡豆烘焙的时间和程度分为轻度、中度和重度。如果在咖啡师身后的黑板上某一款

Photo | Kathy Yue

咖啡上带着一片小叶子，说明你将拿到的咖啡里会加一片薄荷叶。这个叶子就来自菲尔·贾伯的想法，他在几年前录过一个视频，说给咖啡加上一片薄荷叶，调味之余，他也想提醒人们热爱自然。

Philz 最有名的一款咖啡就带着一片薄荷叶，这款咖啡叫作薄荷莫吉托，莫吉托是旧金山人钟爱的一种鸡尾酒。在早午餐的菜单中，兑了果汁的莫吉托是常见的选择，所以也可以说，Philz 给莫吉托兑了他们自己冲泡的咖啡。

在刚刚提到的咖啡师身后的那块小黑板上，每款咖啡的下面还会有一排小字，标记着它包含的味道，比如包含蓝莓、柑橘或者烟草；还有一点会显得有些神秘，从轻度烘焙到中度、重度烘焙，每个分类里有 5 种咖啡，它们的名字都很特别，特别到你几乎无法从名字中理解这是什么。

其中有一款咖啡叫作 Jacob，这是菲尔·贾伯用儿子的名字命名的，据称这里头的故事似乎是：当时他的儿子刚出生，而菲尔·贾伯研发了"新产品"。还有一款咖啡的名字叫作"So Good"，顾名思义，恐怕就是当年菲尔·贾伯对自己的咖啡冲泡技艺感到很自信的体现吧。

Philz 点咖啡的方法也有些另类。通常你去一家咖啡馆排队买咖啡，面对你的是收银员，他会告诉咖啡师你点了什么，付完钱，你可以在一边等着拿咖啡。而 Philz 的游戏规则是先去和咖啡师说你想要哪一款咖啡，咖啡师的工作间没有普通咖啡馆那样的设备，正相反，他们面前往往摆着三四个滴漏漏斗，用来装滤纸、冲泡，身后的容器里是口味不同的咖啡豆，每家 Philz 店里至少有 3 个咖啡师。和咖啡师说完，你再去和收银员说你点了什么。付完钱，你回到咖啡师附近等着，咖啡师利用这个时间差帮你冲泡好咖啡，做好之后，你会听到咖啡师用抑扬顿挫的英文叫出这款咖啡的名字。

菲尔·贾伯曾经解释说，咖啡是一门"关于人的生意"，他希望客人进来先看见的是给他们做咖啡的人。

还有咖啡师的手法。Philz 的收银员和咖啡师看上去是不同的职位，但其实都经过咖啡师的训练，为期两周。如果你注意看咖啡师的手法，会发现他们往往会从身后的桶里选择相应的咖啡豆——他们有十几种不同的咖啡豆供消费者选择，然后给咖啡漏斗铺上比普通滤纸大一些的咖啡滤纸，撒上咖啡粉，再甩开肩膀，让即将冲进咖啡粉里的热水形成一道弧线。

后来，菲尔·贾伯将生意交给了自己的儿子雅各布·贾

Photo | Kathy Yue

伯（Jacob Jaber）。子承父业的雅各布看上去更像是一个硅谷的创业者。他会去参加硅谷的行业活动，讲述他如何思考东西海岸的咖啡文化。他也会出现在黑客新闻（Hacker News）这样的极客社区里作在线问答。在他的带领下，Philz 到目前为止已经从风险投资处获得共计 7500 万美元的投资。不过雅各布·贾伯曾经公开说过，是他的父亲一手创造了 Philz 的文化和体验，他的任务是将这种文化和体验带到旧金山以外的地方。

新的 Philz 自然不会再用教会区 24 街那家店里的老旧沙发装饰自己。在咖啡馆竞争异常激烈的旧金山，Philz 的新咖啡馆，包括其总部所在的多帕奇（Dogpatch），这里一层是咖啡馆，二层是办公区。有时候，雅各布·贾伯就在咖啡馆里与人会面，只是旁人也许不知道，这位年轻人正是 Philz 的 CEO。

它的室内设计仍然保持着木质桌椅、沙发、高吧台配以高脚凳的组合，咖啡的口味也完全统一。但这家店看上去精致而宽敞，有足以容下 10 个人的木质长桌，也有让人聊天的沙发，还有室外的位置。天气好的时候，多帕奇会有充足的阳光，加上附近是旧金山的本地品牌，楼上是新一代城市年轻人居住的公寓，几个街区里还有画廊，你会觉得，Philz 就是年轻人生活的一部分。

这样轻快明亮的风格也延续到了洛杉矶和其他正在进入的城市。当然，就像雅各布·贾伯所说的，他的父亲亲手创立了这一切，他想要确保 Philz 服务于每一个社区的理念在东海岸也同样能够实现。他显然为 Philz 与硅谷的关系感到很自信，有时候 Philz 的咖啡为硅谷的行业活动提供服务，它也免费为维珍航空提供了一款咖啡。

从宏观的角度来看，咖啡馆是一个地区的精神缩影。就如同在硅谷的咖啡馆，你总能听到技术公司的花边新闻，也有可能撞见硅谷的名人。伦敦海德公园附近的咖啡馆，当年是辩论和交流政见的地方。旧金山北部位于北海岸（North Beach）的一些咖啡馆，则充满了诗情画意，再配上店里的爵士乐，情绪被调动起来的消费者也许能想象出当年海明威、马克·吐温坐在这里写作的情景。

Philz 也许正诠释着如今的旧金山。教会区的多元文化仍在，年轻人依然追求个性和话语权，嬉皮士文化发源地海特 – 阿西伯利（Haight-Ashbury）街上的涂鸦依然可以让游客追溯这个城市追求自由的灵魂。但整个城市因为科技新贵们正在经历一场似乎看不到尽头的城市中产阶级化改造（gentrification），Philz 总部附近的那些明亮的公寓们，它们不再是你在明信片上看到的被称为"彩妆女郎"（Painted Ladies）的维多利亚风格建筑，而是崭新的、标准化的、以美观和效率至上为核心的城市风格。新式咖啡馆追求的是木质桌椅和像工厂车间的室内设计，能让年轻人缩在里面的沙发，可能只存在于街角的小咖啡馆和第一家 Philz 门店里了。

年轻人是 Philz 的客人，Philz 的样子也是一代又一代年轻人不同的面孔。

Photo | Kathy Yue

咖啡进入生活

:TAGS
#第三次咖啡浪潮

◉ 戴恬

就全球范围而言，咖啡发展的三次浪潮与人们的消费行为变化息息相关。第一次咖啡浪潮从 19 世纪延续到 20 世纪末，人们牺牲咖啡的口味与质量，换取了咖啡产品的大量普及，速溶咖啡、罐装咖啡都是这一期间的产物。

第二次咖啡浪潮更像是对第一次咖啡浪潮的反省，人们开始关心咖啡从哪儿来、怎么烘焙，喝咖啡成为一个

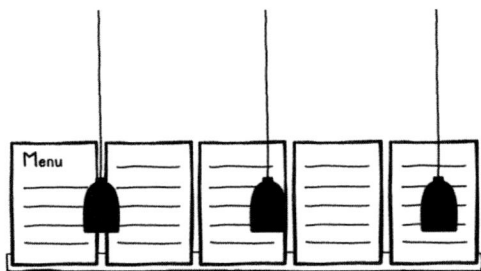

包含了解咖啡故事与社交在内的综合体验。人们不再把"一起喝个咖啡"理解为真的只是去买一杯饮料。星巴克等品牌是这个时期的代表品牌。

"第三次咖啡浪潮"这个词首次被提出，是源于美国旧金山的咖啡店 Wrecking Ball Coffee Roasters 联合创始人 Trish Rothgeb 写于 2002 年的一篇文章。

第三次咖啡浪潮更强调咖啡产品本身——人们购买咖啡，基于其产地以及生产方式，产品超越体验，重新成为消费者最重视的核心要素。美国芝加哥的 Intelligentsia Coffee & Tea、北卡罗来纳州的 Counter Culture Coffee 以及波特兰的 Stumptown Coffee Roasters，这 3 家咖啡店被称为浪潮兴起时的 3 个代表。它们都重视产品质量，与产地直接交易，在商业上可持续发展，同时它们也认

为，消费者教育在重塑整个产业方面有着非常重要的作用。

回想我们的体验，中国三次咖啡浪潮的时间间隔更短，相互交杂的时间也更长。短短三四十年间，仿佛第一次咖啡浪潮的影响还未退去，第二次咖啡浪潮就已经随着星巴克等品牌的到来而迅速开始，最近几年，跟随着全球咖啡消费风潮的转变，中国也开始出现受到第三次咖啡浪潮影响的咖啡馆。

在中国，这个发展并非线性，而是在不同需求之下产生了不同的消费分层——人们在不同地区、不同理念的驱动下，主动或被动选择自己认可的咖啡产品。在你的身边，既可能有习惯了在超市购买长销款速溶咖啡的朋友，也很容易发现占领城市角落的咖啡馆、享受咖啡空间的咖啡客，换个巷口，那里可能隐藏着喜欢探寻手冲咖啡与精品咖啡口味的咖啡爱好者。

这也是中国独有的咖啡体验。但我们这里想谈谈日本——这个经历了三次咖啡浪潮的国家，既受到西方咖啡浪潮的影响，自己也反过来影响了那些创造浪潮的人。正因如此，日本的街道里留下了太多与咖啡有关的印记，在这片土地上既可以寻找到旧有的老时光，也有留给新浪潮的空间。

当 17 世纪荷兰人第一次踏上这片土地的时候，日本人生活中最常见的饮品还是麦茶。在荷兰人带到日本的包裹里，除了《圣经》、玻璃制品和天鹅绒，一定还有一包咖啡。据说，这是咖啡第一次登陆日本。

在当时人们的认知中，这又苦又涩黑乎乎的饮品似乎与中药没什么差别。据说因为咖啡豆富含维生素，治好了日本人的水肿——德川幕府曾拿咖啡豆当作药用物品，派发给因在前线打仗无法摄取足够蔬菜而患病的武士。

实际上，寻常百姓得以了解咖啡为何物时，已经是明治时代（1868 年至 1912 年）。那时日本正在积极脱亚入欧，人们模仿着欧式的生活方式：社交舞、红酒牛排，当然也包括小酌咖啡。

开放咖啡豆贸易后，从 19 世纪 70 年代开始，贩卖茶叶的日本传统茶屋也开始销售咖啡。到了 1888 年，一家名为"可否茶馆"的店在东京上野开业，这是日本第一家咖啡馆，也是后来日本咖啡馆的雏形。两层小洋房，除了卖咖啡，还给来客备上围棋、扑克，更有纸砚墨笔、报纸书籍。与其说是饮食之所，不如说更像切磋交流的社交之地。

这之后，一家名为 Café Printemps 的咖啡馆在银座开业。这里除了一楼的空间，交50 钱的会员费，即可使用二楼的会员专用空间，在那里你将有机会结识作家森鸥外、作家谷崎润一郎、画家黑田清辉、歌舞伎表演家市川左团次等文化名人。这些常客在店内随手涂鸦的漫画小像和诗句成了这家咖啡馆的标志。这家咖啡馆也出现在了作家永井荷风的作品《断肠亭日乘》中。

第一次咖啡浪潮

"二战"时期，有提神解乏功效的咖啡成为美军的军需品。等战争结束，商品化的咖啡再次进入日本，引领了日本的第一次咖啡浪潮。

人们争论着这次浪潮的具体时间。有人认为自 1960 年咖啡豆自由进口开始，第一次浪潮就开始了。也有人认为 20 世纪 80 年代后半期咖啡店在日本的兴盛，才真正标志着咖啡浪潮的开始。但毫无疑问：咖啡的好日子来了，它开始成为千万家普通日本人需要的东西。

速溶咖啡是这个时代的宠儿。热水冲泡，简单便捷，不需要复杂的技术或硬件，在家也可以随便享用。速溶咖啡走入了日本家庭，雀巢咖啡风靡日本。现在 YouTube 上仍有雀巢咖啡的老广告合集。"我小时候最喜欢这个广告了""这个广告一直让小时候的我觉得咖啡一定特别好喝"——你可以看到不少这样的评论。不过实际上，简单粗暴、过度萃取后的速溶咖啡冲泡后的口味并不那么好，喝完一杯后，余味常常发酸发苦，不那么尽如人意。

罐装咖啡满足了人们出门在外也能喝到咖啡的需求，这时候在日本发展得火热起来。尤其是 1969 年日本咖啡品牌"上岛咖啡"（它与中国同名连锁咖啡店并不是一家公司）推出加奶咖啡后，罐装咖啡的销售额直线上升——奶味掩饰了过度萃取后咖啡的苦涩，使口感变得浑厚顺滑。与其说是

咖啡，倒不如说是"咖啡饮料"更为准确。到了 1990 年，罐装咖啡的销售量达到日本饮料市场的四分之一。现在罐装咖啡一般规格是 200 毫升，价钱在 100 至 150 日元（合 6 至 9 元人民币），可随处在自动售贩机买到。

咖啡店的发展也一发不可收拾。在鼎盛时期，即 1982 年，全日本有近 16.2 万家咖啡店，它们也是生咖啡豆的主要消耗者。在这些咖啡店中，有很多独立咖啡馆。人们可以光顾志趣相投的咖啡店，喝到不同于速溶咖啡的味道。

19 世纪，虹吸式抽取方法首次被英国人用于咖啡制作中，但直到 20 世纪，才被日本人发扬光大。早在 1925 年，日本人就有了自己国产的虹吸壶制造厂商。除了虹吸，使用滤纸制作滴漏咖啡的方式也广泛为独立咖啡店以及咖啡爱好者所用。相比速溶咖啡整齐划一的标准化味道，日本人更喜爱这种"超越了精确的自由"，执着于咖啡豆本身的味道。

第二次咖啡浪潮

1987 年，星巴克在美国西雅图开设第一家店铺，并在短短几年间把生意做到全球各地。这是意式浓缩咖啡的春天。深度烘焙的咖啡豆研磨至极细，在咖啡机中与高压蒸汽相遇，就可以成为一杯醇厚的黑咖啡。这种冲泡方法效率高，一台机器，简单操作后，即可迅速为顾客递上一杯咖啡。星巴克发展了大量连锁店，全球采购，再将

Photo | Fabian Ong

统一深度烘焙的阿拉比卡咖啡豆配送至各地，这都能进一步降低成本。这些特点非常适应快餐连锁式的星巴克。

星巴克往浓厚的浓缩咖啡里兑入不同的元素，成了摩卡、拿铁等各种各样的花式咖啡，这些饮品都受到了消费者的喜爱。

像星巴克这样的西雅图系咖啡也陆续登陆日本。1996 年，星巴克在东京银座开设了第一家分店。次年，Tully's Coffee 也在银座开了第一家门店。1999 年，Seattle's Best Coffee 在大阪北区开了第一家门店。自这段时期开始，日本本土的咖啡店的总数却急剧减少，到 1999 年缩至 9.4 万家，此后缓缓下降，至 2012 年仅剩 7 万家，大约是巅峰时期咖啡店数量的一半。毫无疑问，快餐连锁式的咖啡馆给日本咖啡带来了不小的冲击。

当然，日本也不是没有自己的连锁咖啡店。老牌的上岛咖啡执着于用虹吸壶制作咖啡，拥有一批忠实粉丝；还有 1980 年开设第一家店的罗多伦咖啡，它的销售额在 10 年间跃居日本连锁咖啡的首位。但星巴克登陆日本后，它就被这个"外来客"迅速赶超。

2000 年前后，雀巢的全自动浓缩咖啡机问世，这方便了咖啡的制作，但似乎也在宣告：咖啡师没那么重要。也有一批失业了的咖啡师不愿意向机器妥协，潜心研制手冲咖啡，把握各种咖啡豆的特性和精细的步骤，推崇更精细的咖啡美学。

1982 年 成 立 的 美 国 精 品 咖 啡 协 会（Specialty Coffee Association of America）也将"精品咖啡"的概念不断推广。他们设定了一套体系，将评分在 80 分以上（满分 100 分）的咖啡豆划定为"精品咖啡"。这种做法深深地影响了咖啡文化。

台湾咖啡界文化人韩怀宗在他的《精品咖啡学》里，把 2003 年称为美国精品咖啡元年。那些咖啡师们降低咖啡豆的烘焙度，反对第二次咖啡浪潮中意式浓缩的深度烘焙方式，提倡根据不同产地豆子的特性"因材施教"，萃取出各地咖啡豆本身的不同风味：果酸、花香等。强调人在咖啡制作过程中的重要性，力图还原咖啡本身的味道。

这种以咖啡制作手法为卖点的咖啡店推动了第三次咖啡浪潮的来袭。在这些"手艺型"的咖啡店里，有咖啡师为你冲泡咖啡，来自哪里的咖啡豆、怎样的烘焙方式、偏好怎样的口感、多少水分比，都成为一杯咖啡美味的关键。

第三次咖啡浪潮

倘若去研究正在美国或英国兴起的第三次咖啡浪潮，不难发现，振奋精神等实用功能已经逐渐与咖啡这个词剥离。人们像品评葡萄酒一样，细化冲泡咖啡的步骤，体会各种操作所带来的微妙的不同。

咖啡已渗透到人们的生活中。以各人喜好的方式，代表着各自的生活态度。

咖啡馆不单单成为饮用咖啡的社交场所，更是成为一种生活方式——享受咖啡师带来的专业服务，欣赏咖啡馆独特的装修风格，甚至是喜欢特定的某种咖啡的风味。

而在日本，自咖啡馆初次登陆的时代开始，咖啡本身就带有强烈的西洋文化烙印，使得咖啡进入日本时就带有文化传播的作用。这种使命加上日本本土的饮茶休憩文化，在日本咖啡店的演变中演绎出了各种各样的形式。20 世纪 50 年代有演唱或演奏歌曲的香颂咖啡馆、爵士咖啡店——要知道在欧美国家爵士更常见于酒吧，1970 年第一家"漫画喫茶店"在名古屋诞生，1978 年，京都甚至还出现了猎奇的"不穿短裤"咖啡馆。在这些咖啡馆中，喝咖啡的功能被弱化，咖啡本身的品质变得不那么重要，人们或为猎奇或为消遣，并不只为咖啡。这种融合使得咖啡文化具有亲民性，在日本积累了深厚的群众基础。

另一方面，日本人从未抛弃对咖啡口味的追求。烦琐的冲泡过程反而增加了仪式感。这种尊重咖啡口味与多元化的咖啡文化，早已根植在日本人生活中。日经新闻网撰稿人桑原惠美子曾评论道：与其说这是"第三次咖啡浪潮"，不如说是"重回昭和年代（1926 年至 1989 年）的怀旧"。

在第三次咖啡浪潮中表现突出、来自美国西岸城市奥克兰的店铺 Blue Bottle Coffee 于 2017 年迎来创业 15 周年。它于 2015 年进入日本，第一家店铺选址在东京清澄白河，改造了一栋日式小小的旧厂房，外侧白色墙上印着醒目的蓝瓶子 logo。开业第一天就有不少忠实粉丝慕名而来，需要排队四五个小时才能喝到一杯咖啡。

推崇咖啡产品本身的口味——这股第三次咖啡浪潮终于来到了东方，日本本土的手艺型咖啡店也有不少。猿田彦咖啡创建于 2011 年，第一家店选址于东京惠比寿——一个讲究精致生活的区域。此后又依次在

时尚重地涩谷、新宿、表参道等地开店，迄今在东京都内已有 7 家连锁店。顾客除了可以享用每日精选手工咖啡、单品咖啡及经典意式浓缩等咖啡，还可以在店铺内或网店上购买烘焙的咖啡豆与咖啡周边小物。

手艺型咖啡走红，也为在咖啡店浪潮中受到挫折、转而着眼于零售的老店提供了机会。田代咖啡创建于 1933 年，最初是一间制作糖浆的店铺。在 20 世纪 70 年代的咖啡店热潮中，他们为许多咖啡店提供咖啡豆，起初也颇为顺利，但等到咖啡店纷纷关门大吉，它只能转而面向大众零售。此后第三代社长田代和弘接任，他个人嗜好品评来自不同产地且各具特色的咖啡豆，也是"卓越杯"（Cup of Excellence，由 SCAA 发起并组织，每年在世界范围内评选符合标准的好咖啡）咖啡品评竞赛的国际审查员。田代咖啡从 1997 年开始贩卖高级咖啡豆，1999 年起开通了网购渠道。在大阪的门店，还有获得日本精品咖啡协会（Specialty Coffee Association of Japan，SCAJ）举办的咖啡大赛的冠军咖啡师为客人冲泡咖啡。

也有很多个性小店表现不俗。比如在东京中央区的日本桥——东京地理上的城市中心地带，有一间名为 Mighty step scoffee stop 的咖啡小馆。这家店铺 2014 年开张，改造了建筑年龄已有 60 年的旧民居，小小一间门店，仅有 10 个座椅，店主提供浅度烘焙的 9 种果香型手冲咖啡。

有趣的是，在日本，关于咖啡的热潮开始两极分化。手冲咖啡店们一片鏖战，满足人们"快速、高效"需求的便利店咖啡的竞赛也日益白热化。最早在日本引入咖啡的便利店是 Circle K Sunkus。2011 年，这

Photo | Fabian Ong

家公司在旗下 3500 家便利店导入了自助式咖啡贩卖机。2013 年，罗森旗下 4300 家店铺、全家旗下 5000 家店铺也分别"导入"完毕。

日本最大的连锁便利店 7-ELEVEn 于 2013 年研发出自己的自助式咖啡贩卖机，以 100 日元（约合 6 元人民币）的最低价格参战，迅速占据市场大半份额。根据这家公司的数据，自 2013 年使用自助式咖啡贩卖机开始，截至 2016 年 2 月，7-ELEVEn 已累计销售 20 亿杯咖啡。

这些便利店的咖啡也颇费心思：比如 7-ELEVEn 的豆子大多来自巴西与危地马拉，烘焙则是与上岛咖啡合作；每一杯都是经由滤纸萃取，酸味适中，香味浓厚。但就像并非每次"浪潮"都说服了所有人，便利店咖啡从另一个角度满足了人们在不同场景的消费需求，同时也体现出人们对咖啡口味的日益重视。

好的手冲咖啡店们的名声正在越过国界。起源于挪威奥斯陆的咖啡老店 Fuglen 在东京里涩谷开了它们的第一家海外店铺，最初，居住在周边社区——代代木上原的居民喜欢到店内坐坐，他们甚至可以将便利店的盒饭带进去，一边吃一边与店员聊天。但现在他们可能很难在店里找到座位，拿着旅行指南按图索骥的海外游客们经常排队到门外，他们在店内打开酒店预订网站 Booking，与朋友们讨论、规划着下一个城市的行程。

这未必是好事，也未必是坏事。有了市场，更多手艺型咖啡店、精品咖啡店铺才会伺机出现。它们暂时还没什么好怕的——第三次咖啡浪潮的客人们关注产品本身，会有越来越多受过咖啡教育、明确需求的消费者们找上门来。🔊

Photo｜林秉凡

：TAGS
#东京小巷里的
咖啡新浪潮

◉ 戴恬

在日本东京小巷里出现的新浪潮
咖啡厅们，每家店都有自己的特
色与故事。

Photo | 林秉凡

ALLPRESS ROASTERY&CAFE TOKYO

地址：东京都江东区平野3-7-2

电话：03-5875-9131

营业时间：周一至周五 8:00 — 17:00

周末、节假日 9:00 — 18:00

这家咖啡豆批发商在新西兰颇具名气。这间在日本的第一家店铺，改造自一间木材仓库，自家的咖啡烘焙场就在店铺的后面，给每一个推门而入的客人一个浓郁而温暖的咖啡香拥抱。隐匿在社区中的这家咖啡店并不仅仅打算做咖啡生意，而是试图提供一处歇息谈话的社交空间，正如其日本店创立介绍里所写："人们相聚，交谈之间互相牵绊，温暖的场所。"有趣的是，这家咖啡店选址也在 Blue Bottle Coffee 的日本首家店铺附近——东京咖啡"激战区"清澄白河。●

Photo | Fabian Ong

コビ珈琲　cobi coffee
地址：东京都港区南青山5-10-5第1九曜大楼101
电话：03-6427-3976
营业时间：周一至周五 9:00 — 20:00
周末、节假日 10:00 — 20:00

Photo | Fabian Ong

这家咖啡店的名字取自金属"黄铜色"。在日本,随着时光推移,黄铜,以及它发生氧化后的一系列颜色均被称为"古美色"(コビ色,Kobiiro)。这种对微妙差别的尊重以及对和式传统的传承,也体现在咖啡制作上。店内会选取各个产地的精品咖啡,也有浅、中、深不同烘焙程度的咖啡豆。提供的甜品也是羊羹、长崎蜂蜜蛋糕等传统和果子。店内设计简洁明朗,有一种金属的冷冽感。逛累了南青山的古董街,这里不失为一处歇息放松的"饮茶处"。◐

Photo | Fabian Ong

Mojo Coffee
这个咖啡品牌在东京共有 7 间店，
具体营业信息可查看 http://mojocoffee.jp/cafe/

Photo | Fabian Ong

这家咖啡创立于新西兰的首都惠灵顿。那里孕育了许多艺术家和咖啡馆，创建于 2003 年的 Mojo Coffee 就是其中一家。它在新西兰已有 32 家店铺，经营得相当成功。在美国、中国也都开设了店铺。除了店铺直营，Mojo Coffee 也贩卖咖啡豆和咖啡杯。Mojo Coffee 在日本的店铺大多选择在幽静的小道上，明亮简洁。比如早稻田店是在早稻田大学门口的早稻田路上，与老式的日式和果子店及米面店同处一个街区。图片中为原宿店，它在年轻人的潮流街区"里原宿"的一条安静小巷里。🌑

Photo | Fabian Ong

THE ROASTERY

地址：东京都涩谷区神宫前 5-17-13

电话：03-6450-5755

营业时间：周一至周六 10:00 — 22:00

周日、节假日 10:00 — 21:00

Photo | Fabian Ong

店铺开在东京原宿地区的"猫街"（Cat Street）——并没有猫，只是个名字而已。店内有一台巨大的焙煎机，店铺本身仿佛就是一个咖啡工厂。一杯手冲咖啡，从咖啡师询问客人喜爱的口味开始。店内有来自不同产地的咖啡豆，每种咖啡豆对应的冲泡方法也不同。但即使是咖啡新手也不用担心，咖啡师会为你量身定做。称重、测时，精确到咖啡浸泡的秒数。在等待的时间里，咖啡师不介意和你聊聊天气或咖啡的故事。正如它们网页上宣传的那样，"带你体验咖啡的是来自全世界的咖啡豆和柜台后面的人（咖啡师）"。🌀

Photo | Fabian Ong

月咏咖啡
地址：东京都涩谷区道玄坂2-7-2 东方大楼 B1F
电话：03-6685-1464
营业时间：周一至周五 9:00 — 22:00
周六 10:00 — 22:00
周日、节假日 10:00 — 18:00
每月第二个周日休假

Photo | 月咏咖啡

一间位于涩谷的小小门店，加上西麻布一所小小的自有烘焙厂，这是很扎实的日本咖啡小店，2015 年才开张。初开店时咖啡的价格非常便宜，三四百日元就可以来上一杯。如今价格稍涨了一些，大部分在 500 日元（约合 30 元人民币）以上。月咏会根据季节提供不同的时令咖啡豆，每个时节都让客人有一份小期待。它还推出了自家品牌的咖啡。名字很是古朴——"月咏""十六夜""新月"，分别为低因咖啡、精品咖啡以及高浓度咖啡因咖啡。●

去咖啡爱好者与专门人士的聚会看看吧。欢迎来到咖啡世界。

▐ TAGS
#咖啡市集

🔍 罗啸天

① Tokyo Coffee Week：东京咖啡周

东京咖啡周会在每年春、夏、秋 3 个季节分别举办一次，花一个周末，咖啡爱好者可以在展会的咖啡集市上品尝到日本各地咖啡店的代表作，不少海外店铺也会千里迢迢赶来参加。在 2017 年秋季的东京咖啡周，就出现了来自新加坡、德国、挪威、夏威夷、新西兰、中国澳门、中国台湾等国家与地区颇负盛名的咖啡店。

在这个周末咖啡集市上，也能体验到日常不容易喝到的咖啡。咖啡的甜度、苦度、酸度、烘焙度、口感这 5 项指标会被制作成优势图，你也可以很方便地找到该店使用咖啡豆的产地、农园和生产者、植物品种和烘焙方法等信息。一切都是为了让你找到心仪的味道。

不光是喝咖啡，东京咖啡周也有针对职业咖啡人的多样活动。职业咖啡人，在日本被称为バリスタ，这个源自意大利专指酒吧和咖啡店吧台员工的词：barista，原本狭义上只是指专门负责抽出 Espresso 的员工，后来逐渐引申为广义上的咖啡职人。集会的主角还是这群来自日本各地的职业咖啡人，在这里不光可以通过店铺切磋技艺，甚至还会举行咖啡压壶挑战赛（Aeropress Championship）来一决高低。同时也有咖啡店主的讲座（Coffee Talk Event）促进同行间的经验交流。

② SCAJ 年度展会：日本精品咖啡展会

由日本精品咖啡协会（Specialty Coffee Association of Japan, SCAJ）举办的"日本精品咖啡展会"始于 2005 年，每年 9 月在日本东京台场举办，也是亚洲最大的精品咖啡展会，每次都吸引全球的咖啡从业者前来参展。日本精品咖啡协会也是除了美国咖啡精品协会（SCAA）与欧洲精品咖啡协会（SCAE）以外，规模最大、会员数量最多的精品咖啡协会。

相比东京咖啡周，日本精品咖啡展会的参加者阵容显然要庞大很多，职业氛围也更浓厚。不光是精品咖啡店从业者，从事咖啡业甚至饮料业的企业都会有自己的展示空间。在这里，烘焙设备、咖啡机、餐具，甚至咖啡店的家具和店面设计都有所涉及。除了专业的贸易展，还会举行一系列的行业研讨会，以不断教育消费者以及推动精品咖啡的发展，同时扩大市场对于精品咖啡的需求。

在展览期间，你能获取最新的行业信息，参加不同的研讨会和工作坊，甚至观看比赛——烘焙大赛、拉花大赛、日本咖啡冲煮大赛、日本咖啡师大赛等都会在展会中举办。◐

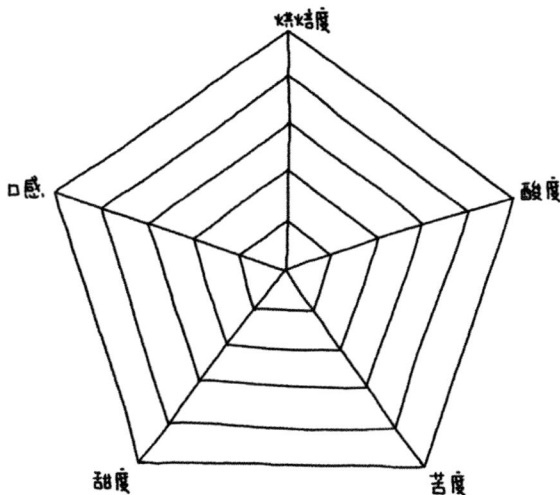

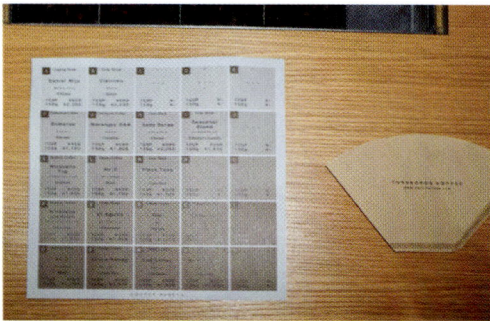

Photo | 林秉凡

⦿ TAGS
#咖啡豆专门店

#KOFFEE MAMEYA

#国友荣一

🔍 周思蓓

从东京时尚街区表参道拐入巷内安静的居民区,如果不仔细看,这间名叫 KOFFEE MAMEYA 的咖啡店可能会被错过。它的外墙通体黑色,仿佛一个盒子,留一个门形的进出口,踏过一截石板路,拉开自动门,才能正式进入店内。

MAMEYA 如果直接翻译,在日语里写为"豆屋"。正

如这个名字,这家店主营咖啡豆,同时销售用这些咖啡豆制作的滴漏式咖啡和浓缩咖啡。

此前,店铺所在地是一家名叫"表参道咖啡"的网红咖啡店——它们的店主都是国友荣一。 2015 年年底,由于房体老化,年限已至,房屋被拆除,这让一批批专门寻访却无功而返的观光客很是唏嘘。

表参道咖啡引领过东京的潮流。担任日本咖啡师比赛审查员的咖啡师三木隆真,至今都记得那时"表参道咖啡"不设座席的做法,客人们要是累了就坐在那间老房屋的走廊边缘,这一做法让他震惊——当时的日本咖啡店几乎没人那么干。KOFFEE MAMEYA 开店后,他加入并担任咖啡调理师,成为店里的关键人物。

这也是店主国友荣一想要达到的效果。尽管 KOFFEE

Photo | 林秉凡

MAMEYA 主营咖啡豆，但他把最重要的环节放在了咖啡师身上。一般的咖啡店内，咖啡师都只制作咖啡，而在 KOFFEE MAMEYA，咖啡师首先要接待顾客。在这间窄小的店铺里，一般只会同时出现两名咖啡调理师，他们一对一地为顾客提供咨询，从需要什么咖啡豆到使用什么冲泡器具，问得十分详细，绝不会出现一个员工同时对应多个客人的情况。在一番沟通之后，咖啡师再为顾客提供建议。

他们的菜单也很特别——按照不同烘焙程度分成 5 行，每一行都有不同产地的豆子。这样，每一格都记载了一种咖啡豆的来源和烘焙的深浅度。目前，KOFFEE MAMEYA 出售 16 种咖啡豆，这个数字可能会随时根据供货略有调整。

通常，顾客从店里购买咖啡豆，然后回家冲泡。但选择了好的咖啡生豆种类，并不意味着就能得到一杯满意的咖啡。口味还与咖啡豆的烘焙程度与冲泡手法等要素有关。国友荣一注意到了这一点。他明白烘焙功力会影响咖啡质量，于是将这一环节委任给了专业的烘焙师。与 KOFFEE MAMEYA 合作的烘焙师们分别来自澳大利亚，中国香港，日本福冈、京都、名古屋这 5 个地方。咖啡师们会去烘焙师的工坊亲自体验，并且将这些信息传递给客人们。

每个工作日傍晚的 7 点至 8 点，KOFFEE MAMEYA 还开设了免费咖啡教学工坊。购买过 KOFFEE MAMEYA 产品的顾客，可以拿着结账时专门配发的卡片参加活动。没有购买过的人也可以前往。◑

地址：日本东京都涩谷区神宫前 4-15-3
营业时间：10:00 - 18:00

145

THE LIFE

ⵛTAGS
#日本咖啡教父
#丸山咖啡
#丸山健太郎

◉ 季扬

创立于 1991 年的日本"丸山咖啡"被人们称为日本冠军的摇篮。它旗下的咖啡师曾连续 5 年夺得日本咖啡师大赛冠军，2014 年世界咖啡师大赛（World Barista Championship，WBC）冠军井崎英典，以及连续两年进入 WBC 最后六强的铃木树都在此工作过。

丸山健太郎是这家咖啡的创始人。他打破了日本咖啡店通过商社和批发商进口咖啡豆的传统商业习惯，从 2001 年开始，他就自己承担了"生豆买手"的角色。现在，每年他花在去各个咖啡产区上的时间都超过半年。

这位"卓越杯"（Cup of Excellence，CoE）咖啡品评竞赛的国际审查员，在咖啡界充当了各类评审的角色，只要你去书店逛一圈，由他写作或监修的各种"咖啡圣经"总会出现在咖啡区的书架上。

Q：一杯优质的咖啡，需要有好的咖啡生豆，然后经过烘焙、研磨和冲泡工艺才能制成。你觉得在这个过程中最重要的是哪部分？

A：是生豆。原材料不好，即便有再好的加工、冲泡技巧和器具，也不容易做出好咖啡。判断生豆品质的因素有很多——透明度、甜度、酸度、含在口中的质感，最后留下的余味等。我认为其中最重要的有两点：一是甜度，这直接关系到生豆收获时的成熟度和均一性；二是透明度，杯测时不能有杂味，味道要能表现栽培产地的特性。

Q：在烘焙的时候，怎样才能把咖啡豆原有的味道和特征留下来？

A：所谓烘焙，是通过加热产生的化学变化，让咖啡豆产生特有的味道和香气。基本说来，烘焙时间短，酸味会比较强；烘焙时间长，苦味会增强。现在市面上比较流行的是浅焙，但是如果不注意的话，有可能会使咖啡豆没有完全放出味道。我个人喜欢用中火烘焙，比较容易找到一个介于深焙与浅焙之间最合适的烘焙程度。对于初学者来说，要找到符合不同生豆个性的烘焙程度是比较难的，需要不断练习，我开始也花了

"当各大便利店都以 100 日元的价格销售咖啡时，消费者开始有了比较。这种良性的比较，是差别化的开始。"

"大部分客人真正需要的是一杯普通好喝的咖啡，在中国，这一块的供给是缺失的。其实想要制作出一杯评分 85 分、普通好喝的咖啡也并非一件容易事。"

五六年时间研究各种咖啡豆的烘焙程度。

Q：滴漏、虹吸、意式咖啡机等冲泡方式中，你个人最喜欢哪种？

A：我试过很多种冲泡方式，个人最喜欢的还是法压。法压的过滤网是金属网，咖啡豆的油分比较容易通过过滤网，油分中混有咖啡豆原本的香味，用法压的冲泡方式更容易感受到。

Q：咖啡豆的研磨程度会影响咖啡的口感。怎样判断某种咖啡豆适合什么样的研磨程度？

A：这是比较难的。根据咖啡豆和冲泡方式的不同，最适合的研磨度也会不同。基本上研磨得越细，口味会越重，反之口味越清淡。如果一直采用同一种冲泡方式，可以各种粒度都试试。一般中粒度、稍偏粗一些，被认为比较容易冲出好喝的咖啡，如果在家中自己研磨的话，我比较推荐这样的粒度。

Q：怎样保存咖啡豆，能最大限度保证鲜度？

A：关于这个问题，我们的想法一直在变化。现在我们认为最能保证鲜度的方法是：将咖啡豆放入冰箱冷冻室保存，需要使用时拿出来立即研磨。不过即便这样，一旦存放超过 3 个月，还是会影响咖啡豆的鲜度。

Q：连锁咖啡馆与精品咖啡馆经营有什么不同之处？

A：首先，连锁咖啡馆和精品咖啡馆营业额的构成是不一样的。连锁咖啡馆主要销售成品咖啡，咖啡豆在营业额中所占的比例不到一成。而精品咖啡比如丸山咖啡，咖啡豆的营业额占整体营业额的一半以上。因此，经营连锁咖啡馆的主要诉求是如何快速卖出咖啡。大部分去连锁咖啡馆的客人会在上班途中或休息时去买咖啡，所以店铺的位置和提供咖啡的速度变得很重要。

而来精品咖啡馆的客人大多是喜欢那里的咖啡豆，并不在意多走个几分钟，因此经营精品咖啡馆需要更注重产品和服务。

Q：您在《咖啡完全圣经》一书中提到，"咖啡用具与其说是在进化，不如说是在分化"，这句话怎么理解？

A：我认为满足每个人需求的咖啡器具是不存在的，将来也不会存在。我觉得未来咖啡器具的发展将会有两个趋势，一是满足各类人群需求的分化趋势，另一个是精简到不再需要器具的趋势，就像现在的冷萃咖啡，无须冲泡器具。这也是我觉得冷萃咖啡会流行的原因，对于咖啡爱好者来说，它的确很方便。

Q：你觉得第三次咖啡浪潮给日本带来了哪些变化？对咖啡业界的影响是什么？

A：日本从 3 年前开始受到第三次咖啡浪潮的影响，便利店纷纷开始提供咖啡，咖啡消费群体也随之增长。当各大便利店都以 100 日元（约合 6 元人民币）的价格销售咖啡时，消费者开始有了比较。这种良性的比较，是差别化的开始。然后媒体开始宣传咖啡对健康的好处，也越来越经常看见关于咖啡可以降低某些疾病发病概率的研究。人们对咖啡的印象，由原先的"一种不健康的饮品"发生了 180 度的转变。但是由于大家对咖啡因的摄取仍持有保留态度，我认为低因咖啡会是未来的发展趋势。

Q：据说你每年都有一半的时间在世界各地的咖啡豆产地访问？

A：和当地人交流就是我的工作。丸山咖啡之所以能为客人不断提供优质的咖啡和咖啡豆，最重要的因素是和咖啡产地的人们建立了信任关系。这是一次次直接去产地和当地人交流的积累。和他们像家人一般相处，

丸山健太郎推荐的咖啡器具

Kalita 玻璃滤器

Kalita
不锈钢波纹滴漏壶

Cores 金属滤杯

Bodum 法压壶

保持信赖关系是对我、对丸山咖啡最重要的事情。

对于靠天而生的农作物，总有好年景和差年景。如果我认为某个农园的生豆好，我会一直稳定地购买下去，并且每年都会比前一年多购买一些，价格也会稍微提高一些。对农园的人来说，和这样的人交易更有安心感，甚至可以计算到 5 年、10 年后的收入，这样也更容易和他们建立信任关系。

Q：能否给中国的咖啡店经营者和咖啡师们一些建议？

A：我觉得中国是个竞争很激烈的国家，咖啡厅的数量很多，不出彩便很难生存下去，所以大家都去买很贵、很稀少的咖啡豆。比如说 Ninty Plus 的高级咖啡豆，在日本是很难看到的，可是我发现在中国几乎每家咖啡厅都有，甚至在机场的咖啡厅中都可以找到。在我向中国的咖啡师和买手们介绍咖啡豆的时候，大家只会对很贵或很便宜的咖啡豆感兴趣。而我认为，大部分客人真正需要的是一杯普通好喝的咖啡，在中国，这一块的供给是缺失的。其实想要制作出一杯评分 85 分、普通好喝的咖啡也并非一件容易事。我觉得中国应该需要一些经营者和咖啡师为客人提供这样的咖啡。🝗

丸山健太郎推荐的咖啡豆 Top 5

●丸山咖啡的混合豆
苦巧克力，焦糖风味。带有微辣余味和厚重感。适合深焙。

●伊托拉鲁德·卡托阿伊
以位于玻利维亚的卡托阿伊父女运营的咖啡农场命名。混有木瓜、覆盆子、花草、葡萄的香味，带有顺滑口感和长时间的余味。适合中焙。

●西麻布店限定混合豆
丸山咖啡东京西麻布店限定。

带有巧克力和香橙风味。冷却后有特殊的华美和顺滑口感。适合深焙。

●秋季特别混合豆
季节限定。带有花、甜瓜、葡萄、热带水果风味，体现糖浆般的质感和丰盈的甜味。适合中焙。

●茜紫罗兰
体现花香、樱桃、柠檬风味，拥有糖浆般的质感和舒缓的余味。适合中焙。

⚲TAGS
#旧时光

#茶亭 羽当

◉ 孙梦乔

Blue Bottle Coffee 创始人詹姆斯·费里曼不止一次说，自己很大程度上受到了日本老式咖啡厅的启发和影响。这些老店多为个人经营，带着店主人的个人特色，也愿意花时间为客人们冲上一杯好咖啡。他们散落在各个街区，服务大众，充满了历史感和人情味。詹姆斯·费里曼最喜欢的一间，一直都是位于东京涩谷的"茶亭 羽当"。

茶亭羽当在涩谷主街道旁的一个小坡上，不远处就是那个人潮涌动的著名十字路口。走进咖啡馆却是完全不同的光景：看上去有些年头的木质桌椅、舒缓的音乐、暗黄的灯光。外面扑面而来的，可能是朋克少年、时尚年轻人、电器店，或者柏青哥、拉面店，但拐到距离不过几条街的店里，就会看到住在附近的老夫妇——"如果他们穿的是开扣的羊毛衫，也都是没烫过就直接穿上。"詹姆斯·费里曼曾经这么评价。也会有在角落拿着笔记本电脑办公的中年人、穿着很"涩谷"的年轻人或是外国游客闯入进来。没关系，来者不拒。

按照詹姆斯·费里曼的表述，这间店的开业时间是"在西方人眼里有些奇怪的早上 11 点到晚上 11 点。""店员可能理所当然地认为，西方人自己会知道，他们是迷了路才走进来的，或者是很失望地发现自己根本来错了地方，所以会给西方人一点时间考虑一下。当他们看到我们并不是迷路，而是真的决定要走进来时，露出了满意的神情。"

"羽当"这个店名取自店老板羽当久子的姓，除了这间

茶亭 羽当
地址：东京都涩谷区涩谷 1-15-19
营业时间：11:00 — 23:30
创始年份：1989 年
冲泡方式：滤纸手冲、法兰绒手冲
主要使用工具：Kalita 手冲壶、Kalital 滤杯、
Kalita 铜锅

Photo | 林秉凡

Photo | 林秉凡

Photo | 林秉凡

咖啡馆，她还经营着烤肉店和会员制的高档酒吧。店里的画和书籍多是羽当的个人收藏：入口挂着华人艺术家丁绍光的颇有云南风韵的版画，正对着吧台的是莫奈的《睡莲》的仿制品。与这些画有关的书籍也放在书架上供客人随意取阅。羽当偶尔也来店里坐坐，但咖啡馆的大小事宜自开业起就交给了自己的朋友寺岛和弥来打理，寺岛和弥是羽当资历最长的咖啡师。

羽当的老店气质从各个角落散发出来。店里没有"分烟制度"，这意味着，只要有客人抽烟，店内就多少弥漫着一股烟草味。店员们穿着清一色的白衬衫，女店员打着领结，男店员打着黑色领带。寺岛和弥冲咖啡时，会将一只手背到身后，看起来像是高级餐厅里服务生在为客人倒红酒。羽当久子偶尔来店内，眼神会照顾到每一个角落，只要有人往吧台瞄一眼，她就随时准备起身应对。

在茶亭羽当，复杂的菜单并不会告诉你它们的冲泡方式，但如果你点了小杯调制咖啡，就意味着你能喝到一杯由法兰绒滤布手冲的咖啡——它会有一种特别的浓稠感与甜味。詹姆斯·费里曼喜欢它，因为水粉比例严谨，冲煮温度极低，"还要遵照一个非常、非常缓慢，如同养生之道的萃取法则"。

独自前来的客人喜欢坐在吧台，这个位置正对着一墙各式各样的咖啡杯，是近距离观察咖啡师冲咖啡的最佳场所，常来的客人还能和咖啡师有一茬儿没一茬儿地聊上两句。墙面上扑面而来的 400 多个瓷杯子来自世界各地，既有英国的 Royal Doulton，也不乏 Wedgewood 的产品。你的咖啡可能要等一会儿。因为寺岛和弥的眼神会捕捉到你，他会转身对着瓷杯墙思考一阵，然后选出一个他认为最合适给你的。

人不多的早上，寺岛和弥一个人负责冲咖啡。客人的点单写在纸上摆了一排，他有时候要一次处理四五杯完全不同的咖啡。拿豆子、磨豆子、烫杯子一气呵成，不疾不徐。他的位置可以看到整间店铺，除了专注于冲咖啡的片刻，他一边抬头看看店内，一边清洗滤杯，或是帮忙给戚风蛋糕抹奶油，有时向刚进来的老熟人点点头，偶尔还要提醒忙碌的年轻店员——那边的客人举了手。

咖啡师开始注水了。接触到咖啡粉的细长水流发出撕裂咖啡的声音。詹姆斯·费里曼曾被眼前的景象吓了一跳：滤布的下面没有杯子接着！咖啡液随时有可能漏到桌面上。但寺岛和弥清楚地知道咖啡粉在吸收水分、达到饱和之前，他能够注水的时间有多久。在咖啡液快要滴落之前，他已经悄悄将杯子递到滤布底下。詹姆斯·费里曼形容这是一场"温文流畅""令人目不转睛却谦虚谨慎的技术表演"。

羽当本身并不烘焙咖啡豆，它的特色炭火烤制咖啡豆从烘焙专卖店进货，由寺岛和弥来甄选并混合调味。若你点了卡布奇诺，咖啡师还会直接从一整颗葡萄柚上划下一小块皮插在奶油上，以增加果香。羽当不允许客人单点食物，但店里那些手工制作的蛋糕是餐厅口碑网站上食客们推荐的必点单品。詹姆斯·费里曼的太太凯特琳·费里曼是一名糕点师，就连她，也对羽当的糕点制作看得入神，戚风蛋糕中间一般会有一个烤模形成的中空小洞，这个曲柄抹刀的专家目不转睛地盯着那块蛋糕的最后一步。她等来了她期待的东西——店员换了一把小刀，将糖霜填满了小洞。

Photo | 林秉凡

Photo | 林秉凡

羽当里的音乐声音不大，注意听却别有一些心思。早上可能是舒缓的教堂圣歌，下午慢慢热闹起来，便换上欢快的小提琴曲，到了晚上就会来点爵士。这些音乐从挂在梁上的铜色球形音响发出来，这音响是从上一家开了 20 多年的冷萃咖啡馆留下来的。

因为羽当的日文读音与鸽子相似，回头客们常常带来鸽子形状的小摆件做礼物。瓷质的放在杯子柜的顶上，木质的摆在吧台菜单边，珠子串起的鸽子饰物被挂在房梁上，不经意抬头才会发现。书柜顶上，还有看起来颇有年头的小木马和 LV 皮箱，皮箱是常来店里喝咖啡的东京大学教授搬家时淘汰的物件。2011 年东日本大地震，羽当所在的建筑也有明显的震感，客人们站起来一起扶住了剧烈晃动的家具和大摆件。

开门营业前，寺岛和弥都会修剪桌上的大型插花，这些布置在店内各个角落的鲜花每周换新，也都由他一人打理。"茶道也是一样的，泡茶的人泡茶前要打扫茶室，还要给茶室布置插花，这些都是茶道的一部分。"寺岛和弥说。◖

Photo｜林栗凡

TAGS
#旧时光
#琥珀咖啡

◉ 孙梦乔

琥珀咖啡 Cafe De L'ambre
地点：东京都中央区银座 8-10-15
营业时间：周一至周六 12:00 — 22:00
周日、节假日 12:00 — 19:00
创始年份：1948 年
负责人：林不二彦
冲泡方式：法兰绒手冲
主要使用工具：特制野田珐琅手冲壶、手打
铜锅、自制滤网

詹姆斯·费里曼头一次喝法兰绒滤布手冲咖啡，是在位于东京的琥珀咖啡（Cafe De L'ambre）。它还出售陈年老豆。敢去喝一杯比你年龄还大的咖啡豆制作的咖啡吗？

有太多人去"琥珀"了。

1948 年在银座开业的"琥珀"，称得上是日本历史最悠久的咖啡馆之一，高品质的法兰绒布滤滴漏咖啡清澈没有杂质，颜色看起来像一块琥珀——这也是店名的来源。创始人关口一郎在咖啡界备受尊敬，羽当的寺岛和弥在接手羽当前也常来这里喝咖啡，还熟读他的著书。关口一郎的侄子林不二彦 30 年前就在店里帮忙，如今已经 103 岁的关口一郎虽然早就不再亲手冲咖啡，但几乎每天都会来店里坐坐。

店里的摆设没有太多刻意的布置，三四张小桌和吧台还配着烟灰缸，客人可以边喝咖啡边抽烟。放眼望去，店里面有不少难得一见的老物件。吧台里有台不插电的冰箱，在上层放上一大块冰，就能为下层制冷，店里用的奶制品就存放在里面。你还能见到在别处难得一见的光景：咖啡师将放在调酒瓶里的咖啡直接放在大冰块上滚动来给咖啡快速降温。吧台椅子也够特别，明明是靠背皮椅，却还是任性地只由一根钢管固定在地面，让人自由转动着前后调整与吧台的距离。

店员们……他们有点像在经营一个家庭饭馆，只简单围一条围裙前后忙碌，聊着天，谈笑着，似乎也不太为了客人而刻意保持安静。空闲时候，咖啡师甚至拿出针线开始缝制滤网。

关口一郎独创了很多口味独特的咖啡，使用容器也不拘一格。这些菜单被保留至今。一款叫作"琥珀女王"的咖啡被装在敞口的香槟杯里，咖啡配上一定比例的糖，放在冰上迅速冷却后，再浇上一层无糖炼乳，炼乳和咖啡产生清晰的分层，不用搅拌直接享用。小杯

Photo | 林秉凡

◖❘◗

"咖啡是以如此兢兢业业的态度调制，
使得这杯由职人精湛演出所抓出的水粉比例令我大惑不解。
但一旦亲身品尝，随即觉得一阵激动：
我这辈子从没喝过这么惊为天人又这么复杂的咖啡——带着某种
令人困惑的黏滞感。
相见恨晚，我为何现在才喝到它？"

Blue Bottle Coffee 创始人詹姆斯·弗里曼

Photo | 林秉凡

的滴漏精华甚至会被装在英国产的蛋托里。

十几麻袋生咖啡豆叠堆在入口处，几乎挡住了一半的通道。跟不少追求品质的咖啡馆一样，林不二彦也认为生豆是一杯好咖啡的关键。开店以来，琥珀坚持买生豆自己烘焙。他们的生豆常年从固定商社购入，但每一批林不二彦都会确认口感。为保证鲜度，琥珀每周会烘三四次咖啡豆，一次只烘焙小量，出售使用的豆子大都是一星期内烘焙的。一大一小两台咖啡豆烘焙机放在入口处的小房间里，一人坐进去便几乎挪不开脚，烘焙时机器会发出隆隆的声响。

除了新鲜烘焙，琥珀还有存放了几十年的稀有陈豆。这些陈豆数量有限，最近一款叫作"也门摩卡"的豆子就刚刚售罄。陈豆的价格与普通豆子相差不多，但是否出售，却要看林不二彦的心情。

开店 70 多年，有的回头客从中学生变成了边吸烟斗边品咖啡的老人，越来越多的外国游客也慕名而来。第二代掌柜林不二彦却丝毫没打算开分店。"有人想做职人，有人想做经营者。职人一生追求更高的冲泡技艺，经营者则培训咖啡师达到一定的水准，开出很多分店，是两种不同的选择。"他说，"好在在日本，职人在收入上虽然不是多宽裕，却是个备受尊重的职业。"

少数不来店里的日子，林不二彦喜欢去钓鱼，在家也会喝茶或来点小酒。店门口停着他的宝马重型机车，他每天就骑着这辆摩托载着关口一郎一起来"上班"。

关上门，里面满载他们与这家店一同度过的时光。◐

Photo | 林事凡

TAGS
#旧时光
#巴赫咖啡

◉ 戴恬

日本 Old Fashion 咖啡老店"御三家"之一。在这里，咖啡师会对咖啡豆"因材施教"。

咖啡店"巴赫"并不难找。

在东京都台东区南千住站下车，走上十来分钟，就能看到它那间小小的、以咖啡色为主色调的店面，旁边是一家连锁平价超市和一家便当屋。这里离东京观光胜地浅草很近，抬头可以看见东京地标"天空树"。

巴赫咖啡所在的这条四车道的马路两边，多是廉价小旅舍、居酒屋与饮食店，到了晚上才会有些动静。而现在，一个工作日的午后，世界安静得仿佛时光停止流动，眼前只有路边推着自行车缓缓走的老人和三两只在屋檐扑腾的鸽子。

午后三四点是巴赫咖啡最繁忙的时段，顾客多是一些上了年纪的老人。他们在店里点一壶咖啡，然后读读小报，或者只是单纯望着街道发发呆。老板娘田口文子负责给客人们端上自己制作的甜点，顺带和他们聊聊天。很多常客是附近的居民，和店主夫妇已是多年的老友。偶尔也会有几张金发碧眼的欧洲面孔。

南千住是东京有名的"下町"，聚集着"简易住宿一条街"——在经济高速发展期，这里曾聚集了从地方到东京做散工的劳动者。巴赫门前曾是接送这些劳工的巴士停车处。

カフェバッハ（Coffee Bach）
地址：东京都台东区日本堤 1-23-9
营业时间：8:30 — 20:00
创始年份：1968 年
店主：田口护，田口文子
冲泡方式：滤纸手冲
主要使用工具：自制滤杯、大和铁工所定制焙煎机器

Photo | 林秉凡

2017 年是巴赫咖啡营业的第 49 年。

老板娘田口文子从小在这块土地上长大，她是平价大众食堂"下总屋"老板的女儿。1968 年，她和后来成为她丈夫的田口护，将从父亲那里继承来的餐馆改装成一家咖啡店——清晨五点半开门，以一杯 50 日元的价格，卖给起早上工的劳动者们。

与当时提供的单一咖啡不同，现在巴赫的菜单上，来自不同产地的精品咖啡有 21 种。田口护按照咖啡豆的水分含量，将它们分成 A 到 D 共 4 类，再按每种咖啡豆的不同特性，加以浅度、中度、中深度或深度烘焙。

巴赫的手冲咖啡用的是滤纸冲泡。吧台背后码着几十个大罐子，等客人点了单，咖啡师会从罐子里取出适量的豆子，研磨成粉状后，以"の"字形缓缓倾注水流。

店内放着一台烘焙机，研磨时咖啡豆的香味四溢。Blue Bottle Coffee 的创始人詹姆斯·费里曼对于巴赫咖啡对咖啡豆"因材施教"的理念十分赞赏，他还盛赞巴赫的烘焙香味诱人、咖啡美味——他还真是喜欢逛日本的老咖啡厅啊。

田口护将注意力放在自家烘焙上，是在约莫 1972 年的时候。巴士站迁走，劳动者减少，他的咖啡生意一落千丈。他最喜欢作曲家巴赫，趁着 1974 年去德国，获得了"巴赫"这个名字的使用许可权，那也是他第一次出国去寻找咖啡豆。能让人消磨一下午时光的欧洲咖啡馆让他感到新奇。等他回日本的时候，行李里已装满了从各个咖啡店里采购来的咖啡豆，以至于在海关还被工作人员盘查。

到家之后，他立刻模仿欧式咖啡馆的模样，对巴赫咖啡做了一次彻底改装：店里放上了巴赫的雕像和欧式皮革家具，椅背上刻着"bach"的花式字母；各式茶杯渐渐充满碗柜，滤杯则选择了同三洋产业合作的"有田烧"瓷器。店中总是流淌着轻柔的古典音乐，当然，以田口护最喜爱的巴赫居多。

店里悬挂的全是日本版画，这是店里的老主顾、版画艺术家上野道的作品。据说在一次咖啡制作体验过程中，这名版画艺术家发现制作手冲咖啡和版画有异曲同工之妙，他提出将自己的作品挂在咖啡店中。结果他的作品被另一位来店里喝咖啡的常客看中买走，但这就是另一个故事了。

也是在那时，田口护意识到，只有提供与超市廉价产品不一样的精品咖啡，才有机会在环境的变化中生存下来。如今，在店里负责咖啡烘焙的是田口护的徒弟山田康一，在离巴赫咖啡几十米的一间小小的作坊里，每天早上开店前，他会来烘焙当天使用的咖啡豆。在烘焙前，他总是先晃动托盘，将咖啡豆铺平，用食指和中指将咖啡豆分成五等份，以剔除发霉、过熟或者是虫蛀的豆子。

为了寻访各种各样的咖啡豆，田口护已经去过四十多个国家。他喜欢琢磨新入手的咖啡豆，有时候和碰巧来店里的常客一起试喝，再决定这些豆子是否出现在店内的咖啡供应单上。现在有些精品咖啡馆主打的精品咖啡只有两三种，让田口护觉得有些"寂寥"。

在田口护看来，喝咖啡是极具个性化的一件事。巴赫常规供应 20 多种精品咖啡，这些咖啡也会经常更换。为了获取更好的咖啡豆，田口护除了访问各地农园，也开始指导一些咖啡农场。这几年在巴赫卖得最好的，是来自中国云南的"翡翠"，这款咖啡豆由田口护亲自指导栽培。浅度烘焙后，"翡翠"果香浓郁，口感柔和。"不太喜欢苦味的人也觉得挺合适，店里有老客户买了之后，全家都爱上了咖啡。"田口护补充说，"但我个人喜欢深度烘焙，还是爱喝'巴赫精选'。"

如今，比起店内事务，田口护本人更多忙一些与咖啡相关的讲学。在他的经营理念里，从烘焙到冲泡，店长需要掌控店铺诸多事务，已经没有余力再多开分店了。除了游历世界寻找新的咖啡豆、指导弟子，培训有志于经营咖啡店的人，巴赫店内也定期举行面向大众的咖啡课程。 ◑

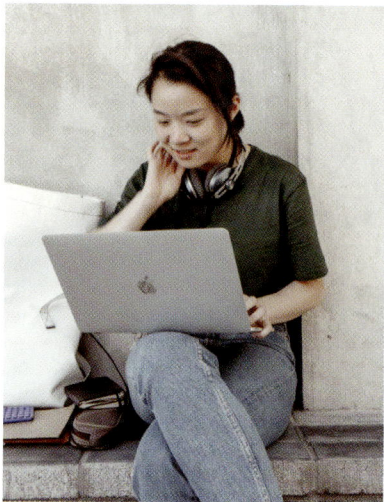

葛南杉
大小咖啡 联合创始人 / 1992 年出生
杭州，中国

TAGS
#中国咖啡新浪潮

李思嫣

2015 年，葛南杉大学毕业。那会儿北京几乎没有让她满意的精品咖啡馆，要么是空间不舒服，要么是咖啡的品质不合要求。她本来预备去法国留学，最后还是决定在北京的香饵胡同开了一家咖啡馆。

葛南杉不想强调自己用怎样的咖啡豆，她觉得这是精品咖啡馆的本分。擅长摄影的她希望用设计来体现不同。她觉得市场上的咖啡品质都会提升，这时好设计能突出品牌。

不同于商业街区，胡同有相对固定的"复合人群"。沙滩后街临近故宫、景山公园，所以有游客；附近有《求知》杂志社，上班族也多；还有一个很大的菜市场，所以光顾胡同咖啡馆的也不都是年轻人。

咖啡馆还需要融入胡同。旁边有青旅、书店和理发店，它需要融入其中。因此，葛南杉开的都是 20 到 30 平方米的小咖啡空间——胡同给她的空间可不多。

但小空间也需要有复合的功能。北京的便利店不多，居民要买高品质的鲜奶并不方便。所以，葛南杉在咖啡馆里销售优质鲜奶。"反正咖啡馆里本来就要用，卖不完也没关系，店铺里做咖啡总是能用到的。"葛南杉说这是她与 Blue Bottle Coffee 心有戚戚的地方，它们都喜欢融入所在的社区。

Photo | 马赛

Photo | 马赛

Q：你理想的公共空间是什么样子的？

A：能充电，有 Wi-Fi，有干净的洗手间。中国美术馆内就有一个不错的咖啡空间，玻璃房，日落的时候有暖暖的阳光照进来，坐在那里很舒服。

Q：你觉得现在北京的咖啡氛围怎么样？

A：咖啡对大部分人来说仍不是刚需，很少有人会在清晨睁眼后，习惯性地为自己泡一杯咖啡。人们需要一个理由来消费咖啡，所以就需要精品咖啡馆带动这个氛围——好喝的咖啡、专业但不失亲切的咖啡师、舒服的空间设计，缺一不可。

Q：你个人最喜欢哪一款咖啡？

A：每天早上起床后的第一杯咖啡都很好喝啊！（笑）因为我自己乳糖不耐，所以还是喜欢冰滴、美式这一类。

Q：你遇见过最有意思的客人是什么样的？

A：在香饵胡同的时候，有三两个附近的主妇，总是每天的第一批客人。有的是刚送完孩子，有的是刚买完菜，咖啡馆还没开门，她们就在门口候着了。几个主妇共用一张积分卡，集满点送一杯咖啡时大家都会很高兴。在店里，她们聊孩子、聊丈夫、聊菜价、聊大街小巷发生的事。这就是社区咖啡馆的意义吧。

Q：推荐一个你喜欢的咖啡空间吧。

A：ReHome Cafe
地址：建外 SOHO 西区 15 号 1501

这家咖啡馆属于一位日本建筑师，三层是不开放的建筑工作室，一层、二层是咖啡厅。整个咖啡馆以骑行为主题，一层的产品和摆设都和自行车相关。说实话，"网红店"在中国已经不稀奇了，ReHome 的特别之处在于它不做作，空间都很实用：比如，躺椅面向落地窗，顾客可以慢悠悠地欣赏窗外的草坪；中间有 8 人座的桌椅，用书架做隔断就形成了一个会议空间；书架上的书也是精心挑选，是顾客真的愿意去看的书。🌀

Photo | ReHome Cafe

BLUE B

COF

MON–

8.00–1

OTTLE

FE

UN
OO

一个时代、一个英雄故事、一个誓言，一个音乐家和他所推崇的仪式感……这是"成为 Blue Bottle Coffee"的故事的开始。

🔍 李蓉慧

在美国旧金山五街和教会区交界的地方，有一个小广场叫作铸币广场（Mint Plaza），对面是《旧金山纪事报》的办公室，这栋老式风格的建筑已经被雅虎买下了。在五街上走不到半个街区，就有移动支付公司 Square 最早的办公室，据说其创始人，也是社交网络 Twitter 的联合创始人杰克·多西（Jack Dorsey）当年成立 Square，和马路对面的一家咖啡馆有关。

这家咖啡馆就是 Blue Bottle Coffee。传言称，杰克·多西因为喜欢 Blue Bottle Coffee，想为它做一个漂亮的支付工具，于是就有了 Square。这个说法有多少演绎成分暂且不说，如同杰克·多西一般喜爱这家咖啡馆的人的确不在少数，以至于它即便位于铸币广场里并不容易被人发现的位置，在一天中的大部分时间里，店内也排着长队。

这里地处市中心，游客自然占了大部分。对这一点最有感触的当属它对面的意大利餐厅 54 Mint-Ristorante Italiano 的店长。作为一个意大利人，他只去 Blue Bottle Coffee 喝过意式浓缩，觉得味道还可以。他也喜欢这个名为蓝瓶子的邻居，有时候餐厅里冰块不够用了，对方会慷慨帮忙。他也乐此不疲地重复着一件事情：每天至少给两个走错门的客人指路，告诉他们对面才是 Blue Bottle Coffee。

其实 Blue Bottle Coffee 的办公室并不在旧金山，它如今的总部位于与旧金山隔着一座海湾大桥的奥克兰，而一些播客节目的嘉宾曾随口说道，Blue Bottle Coffee 的创始人詹姆斯·费里曼住在旧金山湾区，并不在这座城市里。但不管怎样，他创办的 Blue Bottle

詹姆斯·费里曼在2002年创立了 Blue Bottle Coffee

Photo | Fabian Ong

Coffee 已是这个城市的标志之一了。铸币广场的那家店如同西雅图派克海鲜市场门口的星巴克第一家店，是游客到这个城市里来必须签到的地方。

别误会，Blue Bottle Coffee 在旧金山已经有 7 家门店。每个门店所在的街区和功能自然不同。轮渡大楼和铸币广场的店都位于闹市，来访的客人自然是游客居多。这两年开出的新店，位于金融区 Sansome 的店和创业公司聚集的 South Park 的店针对附近的年轻人，最新一家位于 Fillmore 与 Jackson 街角处的店则明显是针对附近的居民，不过值得一提的是，这里是旧金山租金和消费最昂贵的街区之一。

一个城市的咖啡馆，在很大程度上体现着这个城市的精神面貌。就像在 1916 年将总部定在西雅图的波音公司也许没有料到，西雅图——这个最早以伐木为首要产业的城市，后来会成为美国的科技中心。1971 年，星巴克诞生在这里；4 年后，比尔·盖茨创办了微软。有公开信息称，这些大公司的总部对于互联网和软件公司投资具有重要的影响，这些快速的发展在 2001 年前后渐渐安静了下来——如今它又是另一番景象，不过，

这都是后话了。

西海岸的其他城市也开始受到瞩目。谈论旧金山之前，我们先看看西雅图以南的另一个城市波特兰。同样以伐木出名，波特兰却似乎更浪漫一些，这个城市种植了许多玫瑰，而且是微型啤酒厂的发源地，是目前世界上拥有最多啤酒厂的城市。1977 年，波特兰开拓者队获得了 NBA 联赛冠军。这样的城市文化，无怪 1972 年在这里出现了运动品牌耐克，以及 1999 年出现被称为第三次精品咖啡浪潮代表者之一的 Stumptown Coffee。

如果从时间上来看，Stumptown Coffee 和 Blue Bottle Coffee 之间只差了 3 年。但这 3 年前后，世界可谓发生了翻天覆地的变化。虽然当时还处于互联网泡沫时期，但之前的硅谷神话、此后开启的 Web 2.0 时代以及今天的移动互联网时代，硅谷一直处于整个世界的聚光灯下。

现在三次咖啡浪潮的故事终于讲到了旧金山。所谓三次咖啡浪潮，简单来说分别对应着 3 个时代："二战"

Photo | Fabian Ong

Photo | Kenta Hasegawa

期间咖啡作为美国士兵的食物配给，在军方的帮助下得到推广，速溶咖啡成为一种商品；随后是以星巴克为代表的咖啡店通过流水线作业的方式出售手工咖啡；离我们最近的，则要数在年轻人追求健康生活、回归城市的背景下，强调咖啡品质和冲泡技艺的精品咖啡，其中的代表便是 Stumptown Coffee、Intelligentsia Coffee & Tea，以及 Blue Bottle Coffee。

与 Stumptown Coffee 和 Intelligentsia Coffee&Tea 相比，Blue Bottle Coffee 的品牌形象更加鲜明，它虽然是实体生意，但从许多角度来看，就如 Blue Bottle Coffee 最早的投资人、True Ventures 的合伙人托尼·康拉德（Tony Conrad）对我们说的，他看到的詹姆斯·费里曼和硅谷其他科技行业的创业者没有分别。在他眼里，世界是被这些创业者改变的，詹姆斯·费里曼也是其中之一。

和硅谷的其他创业公司一样，Blue Bottle Coffee 最早只是詹姆斯·费里曼的一个想法，而第一家 Blue Bottle Coffee 的店，位于旧金山海耶斯谷（Hayes Valley）区，就在詹姆斯·费里曼朋友家的车库里。

不过，咖啡毕竟不像冷冰冰的科技产品，"蓝瓶子"这个名字不仅十分具象化，而且也有历史可循，在 Blue Bottle Coffee 的网站上详细记录着这家咖啡馆成立的故事。

1683 年，一个叫科尔什奇的使者临危受命，联合附近的波兰军队解救了被土耳其人围困的维也纳。成了英雄的科尔什奇用奖金买下土耳其人留下的几个袋子——人们误以为这是几袋骆驼饲料，但科尔什奇知道其实里面是咖啡豆。接着，科尔什奇开了中欧地区第一家咖啡馆，起名"蓝瓶子"。

2002 年，当时做着自由职业音乐家的费里曼对市场上出售的陈旧的、过度烘焙的咖啡豆不满意，打算自己烘焙和出售新鲜的咖啡豆。这位会吹单簧管的艺术家最早的烘焙工具是一个 6 磅重的烘焙机和一个誓言。

"我只售卖烘焙出炉不超过 48 小时的咖啡给我的客人，让他们可以在咖啡味道最好的时候享受它。"为了纪念科尔什奇，詹姆斯·费里曼给自己的咖啡生意取了个同样的名字：蓝瓶子。

托尼·康拉德非常喜欢这个名字，除了蓝瓶子的设计感，他还觉得"蓝瓶子"具有直接的视觉感受，"在任何一种语言中，Blue Bottle 的翻译都是蓝瓶子"。他认为，这意味着 Blue Bottle Coffee 在成立之初就是个没有国界的品牌。

不过在托尼·康拉德等投资人的角色加入这桩生意之前，Blue Bottle Coffee 先按照一个咖啡馆的传统方式发展了 10 年。它不断被拿来与星巴克比较，这的确对树立"颠覆者"的形象有帮助。它太容易被记住了，人们的注意力也会转移到：它和星巴克会有什么不同？

按照詹姆斯·费里曼"只出售 48 小时内烘焙的咖啡豆"的要求，销售新鲜的咖啡豆是 Blue Bottle Coffee 所有故事的起点，也成了它日后品牌形象的基础——新鲜。它至少改变了过去消费者不知道星巴克的咖啡豆是什么时候烘焙出来的情况。

正在参加全美咖啡师技艺比赛的咖啡师杨文波称，咖啡豆的最佳赏味期是在烘焙好之后的 7 至 10 天，大部分的咖啡馆不会在咖啡豆烘焙好的 48 小时之内使用它。Blue Bottle Coffee 也并非使用这些新鲜咖啡豆直接冲泡，它只是"将烘焙 48 小时内的咖啡豆卖给顾客"，詹姆斯·费里曼表示，那样的话，"顾客将有一连串惊奇连连的机会，参与到咖啡的整个赏味期，经历它爬升到美味的高峰，同时也发现它会在什么时候开始变质"。

如果你去 Blue Bottle Coffee 点一杯咖啡，咖啡师也会告诉你，咖啡豆的最佳赏味期其实在烘焙之后要先放上几天，然后再当场研磨成粉立即冲泡。Blue Bottle Coffee 承诺使用的咖啡豆是尽可能新鲜的，并且在咖啡冲泡方式上保留咖啡的香味。

最开始 Blue Bottle Coffee 只是在周末的农夫集市（Farmer's Market）上售卖咖啡。手工冲泡的咖啡在人们买了东西就离开的农夫集市上施展空间有限。当时 Blue Bottle Coffee 强调的还是咖啡豆的新鲜和手工冲泡本身。

一直到 2008 年，詹姆斯·费里曼去了日本，受到讲究茶道和精细制作的日本文化的冲击，后来，他对采访他的记者说，日本的咖啡师用手工制作每一杯咖啡而不是机器，他们会使用竹子来搅拌，杯中的咖啡波纹不超过 4 圈，并且竹子绝不会碰到容器。技艺高超的咖啡师还会把搅拌的竹子修剪到与自己的手掌大小相符。"如果你在东京的咖啡馆里把咖啡洒出来了，是一件很粗鲁的事情。"詹姆斯·费里曼说，"人们对准确精密的要求非常高，这是我在别处从没见过的。"

就像詹姆斯·费里曼在日本所见到的，这个精细制作的过程影响了 Blue Bottle Coffee，现在你再走进任何一家 Blue Bottle Coffee 的门店，咖啡师们都穿着黑色的围裙，冲泡咖啡的器具摆在咖啡台上，只不过，Blue Bottle Coffee 把人们习以为常的咖啡冲泡过程，变成了一种"仪式"。

如果点一杯滴滤咖啡，咖啡师会当场把咖啡豆研磨成粉，且通常有两款咖啡可选。咖啡师面前有 4 个称重的计时器，咖啡粉倒入滤纸后的一分钟里，咖啡师会每隔 20 秒，用细长的热水壶以壶口转圈的方式冲泡咖啡，等咖啡完全滴滤，再倒进 Blue Bottle Coffee 的浅咖啡色纸杯里。Blue Bottle Coffee 从不问客人用什么大小的杯子，因为它只有一种杯型。这个热水壶店里也有卖，产自日本。

一个充满内容的仪式，由人、环境和器具共同完成。身穿黑色围裙的咖啡师可以说是 Blue Bottle Coffee 最宝贵的财富。按照公开报道的说法，Blue Bottle Coffee 对咖啡师的培训很严格，并且要求他们在培训完成后像参加咖啡比赛那样表演冲泡咖啡的过程。根据我们的了解，Blue Bottle Coffee 的咖啡师会先接受几天密集的训练，然后被派到门店里实际体验，之后回到总部，根据自己的实际经验与其他咖啡师交流。

关于店铺的环境，已经有不少报道提到过 Blue Bottle

Coffee 门店的设计哲学，Blue Bottle Coffee 的所有门店设计都追求日式美学中强调的简单风格。主色调为白色，让自然光进入室内，咖啡杯为白色或者透明，桌椅多为木质，并且，Blue Bottle Coffee 的所有门店都不提供无线网络。

器具也可以说是环境的一部分。除了常规的咖啡冲泡器具，Blue Bottle Coffee 最出名的就是由日本王子集团（Oji）生产的慢速冰滴咖啡机，如果你在美食点评网站 Yelp 上搜 Blue Bottle Coffee，会发现有冰滴咖啡机的 Blue Bottle Coffee 门店的图片中有不少用户拍摄的视频，这些正是消费者对这家咖啡馆好奇与记忆的证明。当然，也是免费广告。

这也是 Blue Bottle Coffee 难以复制、难以规模化发展的主要挑战所在。"在美国开一家咖啡馆的成本非常高，早期星巴克也没有现在的咖啡机，后来它下了狠心，把全球所有的咖啡机换成全自动的。它能保证一杯咖啡如果是 70 分，那全球每家店都是 70 分。"杨文波说。这种模式下，星巴克对员工的要求就更倾向于服务消费者，而不是成为讲究手艺的咖啡师。但 Blue Bottle Coffee 的模式要求两者兼具，并且更强调技艺，对咖啡师的培训和维护团队的成本自然远超星巴克。

除了人本身，Blue Bottle Coffee 对于门店的选址、装修，以及店内的仪器也都有自己的要求。这样的实体店扩张需要更多的资本的帮助。2012 年，Blue Bottle Coffee 宣布获得来自 True Ventures 领投的 A 轮融资，共计 2000 万美元，正式踏上依靠资本力量扩张的道路。

托尼·康拉德显然对自己的眼光非常骄傲。他甚至在接受电视台记者采访的时候手里都会拿着一杯 Blue Bottle Coffee 的咖啡。投资 Blue Bottle Coffee 时，托尼·康拉德帮詹姆斯·费里曼找来了一批硅谷最知名的创业者：Twitter 联合创始人、Medium 创始人兼 CEO 埃文·威廉斯（Evan Williams），Instagram 创始人兼 CEO 凯文·斯特罗姆（Kevin Systrom），

滑板明星托尼·霍克（Tony Hawk）等。他因为帮助 Blue Bottle Coffee 在社交媒体推广和扩张，所以得到了跟这些社交媒体创办者学习的机会，还让 Blue Bottle Coffee 成了一个真正与硅谷有紧密关系的品牌。

"颠覆者"是整个硅谷的名片，也给了 Blue Bottle Coffee "新一代咖啡浪潮代表者""星巴克的颠覆者"等相较之前更明确的定位。除此之外，技术的就是流行的，随着硅谷精神越来越多地渗入人们的生活方式，这个现象和趋势同样适用于 Blue Bottle Coffee。

它已经是旧金山年轻人的生活方式了。South Park 的店和 Mid Market 的店都是距离科技公司最近的咖啡馆。South Park 附近是创业公司集中的南市场区，早期 Instagram、Twitter 的办公室就在附近，Mid Market 的门店虽然没有座位，但是楼上就是 Twitter、Square 和 Uber。

"科技公司的员工走几步路就能去 Blue Bottle Coffee 买杯咖啡。"麦德罗纳风险投资集团（Madrona Venture Group）的资本合伙人戴维·罗森塔尔（David Rosenthal）在一个分析 Blue Bottle Coffee 业务的播客中说道。他认为这与科技公司关注自己的用户、与用户的距离接近本质上是一样的。"而且你去星巴克是一个原因，去 Blue Bottle Coffee 也有一个原因。"他说。

按照日本消费社会研究者三浦展所著《第4消费时代》的观点，如今的年轻人购买商品的动机，在于通过购买的商品来构筑一种生活方式。Blue Bottle Coffee 就是他们表明自己生活态度的标签。

但所有的公司都会遇到扩张的问题。科技产品本身具有普世的特点，但是拿到具体的市场上需要本地化运营。咖啡馆更是如此。从这一点来说，庞大的商业帝国星巴克是 Blue Bottle Coffee 的榜样，然而比起不同的咖啡文化，单店人力成本过高是更大的挑战。

Photo | 杨骏涛

Blue Bottle Coffee 将美国本土以外的首个市场放在了日本。看起来正如托尼·康拉德所说，要让 Blue Bottle Coffee 在海外发展，深受日本文化影响的 Blue Bottle Coffee 的首选自然会是东京。还有传闻称，Blue Bottle Coffee 打算在台湾和上海开店。对此，Blue Bottle Coffee 的团队都没有回应。

计划 2017 年在全球新开 55 家门店的 Blue Bottle Coffee，于 2017 年 9 月宣布了一条意外却又在情理之中的消息：瑞士雀巢集团以约 4.25 亿美元收购 Blue Bottle Coffee 68% 的股份。此前 Blue Bottle Coffee 的估值为 7 亿美元。这个收购价格基本符合估值。

作为世界上最大的食品制造商，雀巢被视为第一次咖啡浪潮的代表者。收购 Blue Bottle Coffee，此举目的明显：借它发展精品咖啡市场。但对 Blue Bottle Coffee 来说，这是一笔很"硅谷"的收购，它像硅谷的其他公司那样，其创始人仍然留在团队中，并让公司保持独立运营。而且双方优势互补，尽管做着咖啡生意，Blue Bottle Coffee 毕竟是一个接受了 3 轮风险投资的商业公司，也需要给投资人商业回报，实体店扩张生意需要巨大的资金投入，如果 Blue Bottle Coffee 像 Uber、Airbnb 那样表示暂不上市，风险投资机构未必会买账。

接下来就要看，由雀巢掌握 68% 股份的 Blue Bottle Coffee，如何继续在全球复制并扩张这个精品咖啡连锁店。弗朗茨·乔治·科尔什奇当年只开了一家咖啡馆，而詹姆斯·费里曼，这位视科尔什奇为英雄的单簧管乐手，至少已经成了一代咖啡浪潮的弄潮儿。●

Photo : Richard Morgenstein

THE INSIGHT

托尼·康拉德的办公室在美国西海岸旧金山南市场区的 South Park，这个小公园因为阳光充足、交通便利，成了许多硅谷初创公司、设计工作室的偏爱之处。当年 Twitter、Instagram 刚刚成立时，办公室就在附近。托尼·康拉德担任合伙人的 True Venture 办公室也在这里，托尼·康拉德喜欢把这里称为 "为消费者设计产品的创业公司的中心"。

前不久，这个 "中心" 迎来了一个新租户 ——Blue Bottle Coffee，这家诞生于奥克兰（位于旧金山旁边的城市）的咖啡品牌最近在旧金山频繁开出分店，来到 South Park 似乎也是理所当然。因为这里聚集着他们的客人——那些在初创公司、风险投资、设计工作室工作的人。在托尼·康拉德的眼里，"蓝瓶子咖啡" 属于这里。

和他曾经投资过的技术公司相比，Blue Bottle Coffee 虽然属于线下生意，但本质上都是为消费者服务；托尼·康拉德经常对媒体说，在他看来，Blue Bottle Coffee 的创始人詹姆斯·费里曼，和那些他熟悉的硅谷创业者，比如 Twitter 联合创始人埃文·威廉斯、Instagram 创始人凯文·斯特罗姆是一样的。

这是托尼·康拉德会成为 Blue Bottle Coffee A、B、C 前后 3 轮融资领投者的主要原因。他至今依然对当年投资这只 "蓝瓶子" 的故事津津乐道，并且认为这项投资再次印证了他的投资之道：他认为，这 20 年来，硅谷汇集了越来越多聪明的创业者，这个现象也被称为 "founders' movement"。他重视人的想法，遇到创业者时，他的 "关键一问" 就是问对方——你为什么要去做这件事情？

关注人的故事这一习惯，来自托尼·康拉德的早年经历。他在美国印第安纳州的一个小镇上长大，对小城镇邻里之间的社区感深有体会。加上工作后旅居经历丰富，曾经在巴黎、雅加达、新德里和纽约住过，让他对不同文化都有兴趣。20 年前，他来到旧金山定居，做投资，同时自己也是个创业者。

托尼·康拉德
True Venture 合伙人、Blue Bottle Coffee 投资人
📍 洛杉矶，美国

Photo | Kenta Hasegawa

◑

"对我们来说，问题就是，Blue Bottle Coffee 能不能在星巴克已经
存在的情况下，也能像星巴克那样，再在街角开出一家店？
答案是：可以。"

True Venture 合伙人、Blue Bottle Coffee 投资人
托尼·康拉德

托尼·康拉德曾创办博客内容搜索引擎 Sphere，于 2008 年出售给了美国在线（AOL）。2010 年，他又创办了个人信息网站 about.me，同样出售给 AOL，但又在 2013 年将其买回。

作为投资人，托尼·康拉德参与投资的项目包括 Automattic（开源博客内容管理系统 WordPress 的母公司）、3D 打印机制造商 MakerBot、可穿戴智能设备制造商 Fitbit、Blue Bottle Coffee。从他的投资组合中，你就可以理解托尼·康拉德为什么说他当年在投资 Sphere 的时候"颇有些压力"，因为这是他少有的、纯技术领域以外的投资。

他第一次喝到 Blue Bottle Coffee，是在旧金山的地标建筑 Ferry Building 里，那里汇集了游客和美食，周末的农贸市场更是热闹。当时是在一个周末，他回忆说，喝 Blue Bottle Coffee 的时候他在想，如果每周能来喝一次这样的咖啡，也是一种享受了。

后来，他认识了 Blue Bottle Coffee 的另一个重要人物布赖恩·米汉（Bryan Meehan），这个爱尔兰人在硅谷也是一个连续创业的风云人物。在米汉的介绍下，康拉德见到了詹姆斯·费里曼，从 2002 年就开始做 Blue Bottle Coffee 的费里曼当时正打算融资。

托尼·康拉德记得，他第一次见到詹姆斯·费里曼时，是在 Blue Bottle Coffee 位于旧金山教会区的铸币广场店里。他提了那个"例行问题"，对方的回答是，咖啡是每个人开始新一天必不可少的饮品，既然如此，他希望 Blue Bottle Coffee 能让更多人的每一天，能从一杯以更好的工艺调制出来的咖啡开始。风险投资的作用就是让"蓝瓶子"能开出更多的店，服务更多的人。

在回去路上，托尼·康拉德想，从感情层面来说，他欣赏像詹姆斯·费里曼 这样执着于自己热爱的事业

的创业者。虽然他自己并不懂咖啡，但他回忆起投资 WordPress、MakerBot 时，那些公司的创始人身上表现出的创业家精神。他认为詹姆斯·费里曼 是他所相信的 Founders' Movement 中的一员。

从商业的角度来说，蓝瓶子咖啡前面的巨人自然是星巴克。"就生意角度而言，星巴克是一家非常了不起的公司，我很敬仰他们，特别是他们通过服务城市和社区里的人创造出的文化。在全球各大城市，你经常能在街角看到星巴克。对我们来说，问题就是，Blue Bottle Coffee 能不能在星巴克已经存在的情况下，也能像星巴克那样，再在街角开出一家店？答案是：可以。"托尼·康拉德说。

当时，他也受到了一些压力。毕竟那是 2012 年，Blue Bottle Coffee 当时在旧金山和纽约一共有 4 家门店，其他能叫上名字来的手冲咖啡馆不超过 15 家。托尼·康拉德本想以个人名义投资，但他还是先找了 True Ventures 的其他合伙人讨论了 Blue Bottle Coffee 的投资案。大家达成一致，给蓝瓶子写的第一张支票是 500 万美元。这个数字超出了 True Ventures 的常规投资规模。

如今回头看，他认为当年写这张支票时最有趣的地方不只是涉足自己极少参与的非技术领域，更重要的是，他和布赖恩·米汉一起邀请了硅谷的知名创业者加入投资人的行列，把这个投资案做成了联合投资（syndicate）的形式。这份邀请名单包括 Instagram 的创始人凯文·斯特罗姆、Twitter 的联合创始人埃文·威廉斯，还有托尼·康拉德自己的朋友、美国的滑板明星托尼·霍克等人。

"大部分技术领域的人是我找的，这些人是我认为一定会对 Blue Bottle Coffee 感兴趣的人。"托尼·康拉德说，以 Instagram 的创始人兼 CEO 凯文·斯特罗姆

Photo | Kenta Hasegawa

在 资 本 帮 助 下，Blue Bottle Coffee 早已走出了硅谷。它将第一个海外市场选在日本东京。不出意外，它掀起了新的热潮。图为 Blue Bottle Coffee 东京三轩茶屋店（左一、左二）与清澄白河店（右一）。

Photo | Takumi Ota

为例，凯文·斯特罗姆本人很喜欢咖啡，和托尼·康拉德交情颇深，在托尼·康拉德创办 Sphere 期间，当时还在斯坦福大学读书的凯文·斯特罗姆曾经在 Sphere 工作过。"我给凯文发了封邮件，说我有个有意思的机会跟你聊聊。"

他心里清楚，这些人当然不会随便就掏出支票本签上名字，对他们来说，金钱和名声同样重要。例如埃文·威廉斯在知道这件事情后，就曾询问 Blue Bottle Coffee 的团队如何处理货源的环保问题。

不过这些硅谷知名创业者加入的原因有一些共同之处。"Blue Bottle Coffee 也是从硅谷走出去的公司。技术行业里的人，很自然地认为技术最终会改变每一个行业。Blue Bottle Coffee 当然不会只是给技术公司里的人喝的，它会服务于更多的消费者。这些技术行业里的朋友，我知道他们会喜欢这个品牌和体验，也会喜欢这个品牌和体验所代表的东西。"托尼·康拉德说。

也就是说，在他看来，Blue Bottle Coffee 虽然做的是传统行业的生意，但本质上和技术行业的创业者没有差别。在做成了这项联合投资之后，托尼·康拉德还在自己家里为这个投资案开了一个 party，詹姆斯·费里曼、凯文·斯特罗姆、托尼·霍克都在场，"我想这个 party 传达了一个信息，是在告诉大家我们现在是同盟，大家都会支持彼此"。

像凯文·斯特罗姆、埃文·威廉斯这样的投资人，他们分别有 Instagram、Twitter 的创业经验，为 Blue Bottle Coffee 在数字营销、理解用户上带来了一些帮助。当然，Blue Bottle Coffee 最初的部分消费者就是在这些技术公司里工作的人。这些投资人本身就可以为 Blue Bottle Coffee 带来更多资源和人脉。

Photo | Takumi Ota

Photo | Takumi Ota

选择进入东京市场，被托尼·康拉德称为"如果你不去就不能原谅的事情"。图为 Blue Bottle Coffee 东京六本木店（上图）与品川店（下图）。

Q：你怎么形容詹姆斯·费里曼？

A：投资最关注的事情就是创始人。詹姆斯·费里曼是 Blue Bottle Coffee 的创始人，他就是这个品牌的标记。他很有热情，对工艺咖啡这件事情也很有自信，并且有足够的勇气和执行力去实现自己的想法。能把商业和品牌做起来的人，都有办法保持自己的创造力，并且有自己的个性。我认识他的时候，Blue Bottle Coffee 已经存在很久了，我当时觉得他们的咖啡很特别，过了一阵子才知道，Blue Bottle Coffee 是受到日本的手冲咖啡的影响。费里曼和埃文·威廉斯他们是一样的。

Q：作为投资人，你怎么发现创业者身上的特点，怎么判断是否值得投资？

A：问他们为什么去做这件事情，是最重要的问题。当我们和创始人坐下来聊聊的时候，他们总是打开电脑要做一个产品演示，我每次都想说，你能不能关掉电脑，给我一些关于你的信息。你是谁，你为什么要做这件事情。我是很以人为导向的，我认为一旦你知道了这个人为什么要去做这个事情，差不多就清楚了。

最好的创业者在跟你讲他为什么要做这件事情，把产品拿给你看的时候，都好像是在介绍世界上最好的东西，好像在给你一份礼物。詹姆斯·费里曼就是这样的人，我不需要费里曼跟我讲商业是怎么运作的，我自己能理解。我关注的就是他是不是"对的人"来做这件事情，一开始的团队和文化设置对不对。

硅谷有许多好的技术，但如果缺少好的创始团队或者管理团队，就没办法理解市场并把它发展起来。

Q：你觉得 Blue Bottle Coffee 这个品牌最与众不同的地方在哪儿？

A：它是国际化的。如果你只看这个 logo 本身，它都不需要翻译，拿到哪个国家都可以立刻解释自己是谁。另外说起对咖啡工艺的推崇，如果我可以列举一个人的功劳，那就是詹姆斯·费里曼，Blue Bottle Coffee 的故事就是他的故事。

Q：为什么 Blue Bottle Coffee 海外的第一家店开在日本？据说未来会在中国台湾开店？

A：世界上 99% 的扩张生意，都一定要在当地有合作伙伴。但对 Blue Bottle Coffee 来说，由于最早就受日本工艺影响，所以当我们要去考虑一个美国以外的地区时，日本是一个天然与这家公司、这个品牌有关的地方。不是巴黎、不是伦敦，而是东京。这是个如果你不去就不能原谅的事情。至于是否会在台北开店，我暂时不做评论。◉

TAGS
#数据 / Infographic

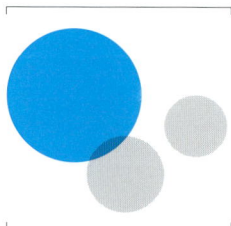

欧盟、美国、巴西长年占据咖啡消费量排名前三位。2016 至 2017 咖啡年度，按每包咖啡豆 60 千克计算，欧盟消费4450万包，美国消费约 2550 万包，巴西消费 2050 万包。

注：针对咖啡年度（Coffee Marketing Year），不同的生产国有不同的开始计算时间，如秘鲁是 4 月到来年 3 月，巴西是 7 月到来年 6 月。对非咖啡生产国来说，这段时间指 10 月到来年 9 月。

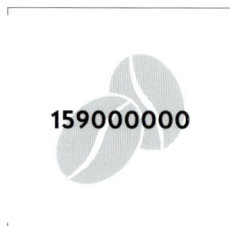

159000000

2016 至 2017 咖啡年度，全球共生产大约 1.59 亿包咖啡豆（每包 60 千克）。巴西、越南，还有哥伦比亚，是产量最高的 3 个咖啡生产国。

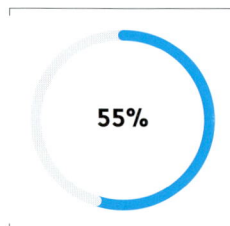

截至 2017 年 9 月, Blue Bottle Coffee在 Twitter 上有 6.22 万粉丝，相比 2013 年的 1.7 万，4 年内增长了 260%。它在 Facebook 上有约 12.3 万粉丝，相比 2013 年的 2.2 万，4 年内增长了 445%。

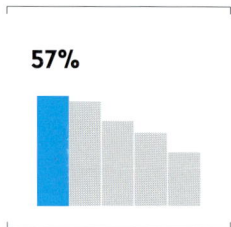

55%

美国咖啡市场 2015 年的零售规约有 480 亿美元，其中精品咖啡（ specialty coffee ）占 55%。

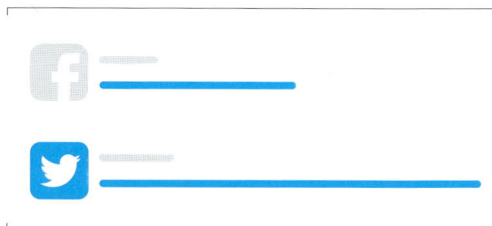

57%

2016 年, 57% 的美国成年人在前一天喝过咖啡，54% 喝过瓶装水，44% 喝过茶，38% 喝过苏打水, 28% 喝过酒精饮料。

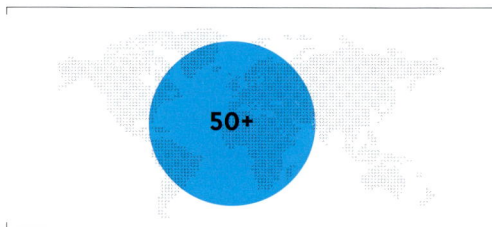

50+

截至 2017 年 9 月, Blue Bottle Coffee 在全球共有 41 家店铺，它只进入了美国与日本市场。其中美国西岸的旧金山湾区有 13 家，洛杉矶 10 家，美国东岸的纽约 11 家，华盛顿 1 家，日本东京 6 家。波士顿与迈阿密的新店正在筹备中，店铺总数在 2017 年年底预计超过 50 家。

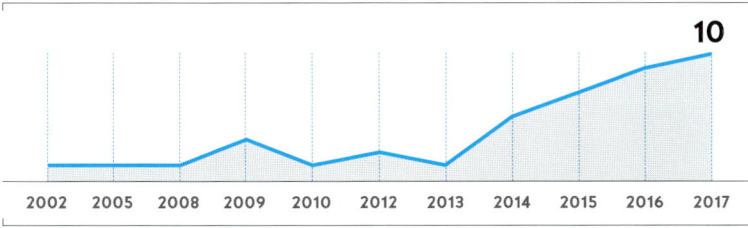

10

2002 2005 2008 2009 2010 2012 2013 2014 2015 2016 2017

Blue Bottle Coffee 每年开几家店?
Blue Bottle Coffee 的扩张速度不算快,最快的一年为 2017 年,截至 10 月,这一年它已经新开了 11 家店。

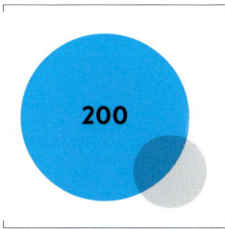

200

截至 2017 年 7 月,根据 LinkdIn 统计,Blue Bottle Coffee 有 242 名员工。2010 年,它仅有 90 名员工,2012 年也才 200 人。

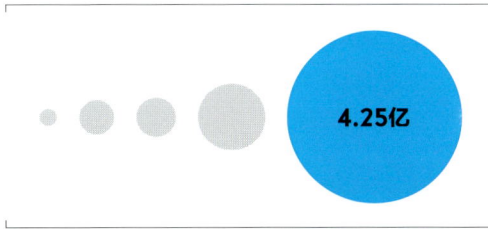

50%

自 2005 年开始,Blue Bottle Coffee 的营收平均每年增长 50%。2017 年 其营收预估约为 2250 万美元。

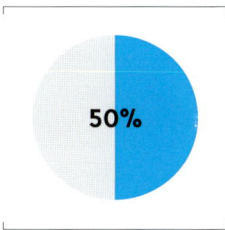

4.25亿

谁在投资 Blue Bottle Coffee?

2008 年
金额:不到 500 万美元
投资方:Kohlberg Venture
2012 年
金额:2000 万美元
投资方:Index Ventures,True Ventures,布赖恩·米汉
2014 年
金额:2575 万美元
领投方:Morgan Stanley,Index Ventures,True Ventures,Google Ventures
2015 年
金额:7500 万美元
领投方:True Ventures,Index Ventures,Fidelity Management & Research
2017 年
雀巢以约 4.25 亿美元收购 Blue Bottle Coffee 68% 的股份

数据来源
United States Department of Agriculture, Specialty Coffee Association of America, International Coffee Organization, Blue Bottle Coffee, Financial Times, New York Times, VentureBeat, LinkedIn, Wall Street Journal, Owler, Twitter, Facebook, Wired, TechCrunch, United States Securities and Exchange Commission

图书在版编目（CIP）数据

蓝瓶物语 / 赵慧 主编. — 北京：东方出版社，2018.3

ISBN 978-7-5060-9975-2

Ⅰ. ①蓝… Ⅱ. ①赵… Ⅲ. ①咖啡－文化－美国 Ⅳ. ①TS971.23

中国版本图书馆CIP数据核字（2017）第300677号

蓝瓶物语：不止一杯好咖啡

（LANPING WUYU： BUZHI YIBEI HAO KAFEI）

主　编 ：　赵　慧
出版统筹：吴玉萍
责任编辑：赵爱华
责任营销：黄　曼
责任审校：谷铁波　邢远　孟昭勤
出　　版：东方出版社
发　　行：人民东方出版传媒有限公司
地　　址：北京市西城区北三环中路6号
邮　　编：100120
印　　制：小森印刷（北京）有限公司
版　　次：2018年3月第1版
印　　次：2022年3月第3次印刷
开　　本：787毫米×1092毫米　1/16
印　　张：12
字　　数：200千字
书　　号：ISBN 978-7-5060-9975-2
定　　价：49.00元
发行电话：（010）85924663　85924644　85924641

版权所有，违者必究

如有印装质量问题，我社负责调换，请拨打电话：（010）85924602　85924603

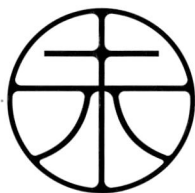

DREAMLABO
未 来 预 想 图